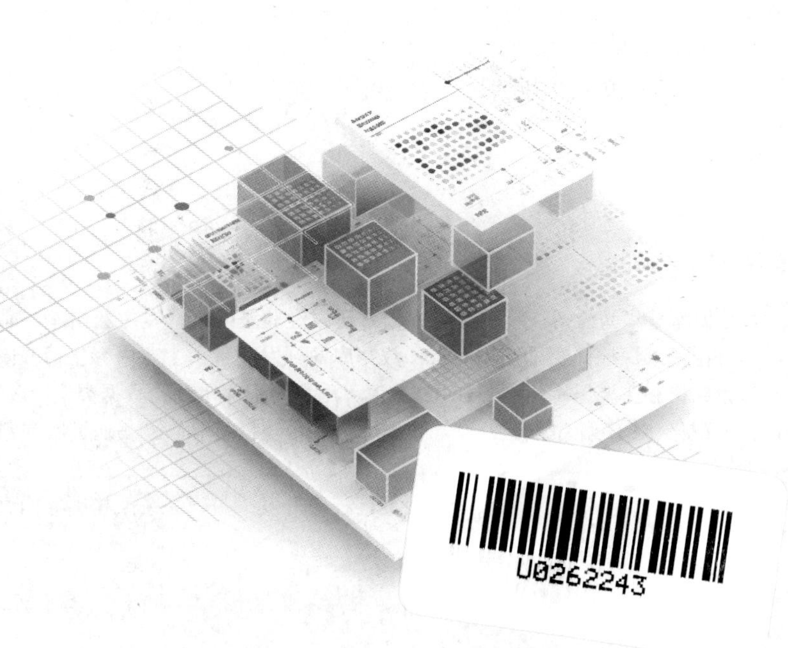

openGauss 数据库开发实战

付强　顾磊◎著

人民邮电出版社
北京

图书在版编目（CIP）数据

openGauss数据库开发实战 / 付强，顾磊著.
北京 ： 人民邮电出版社，2024. -- ISBN 978-7-115
-64786-3

Ⅰ. TP311.138

中国国家版本馆CIP数据核字第2024BP9669号

内 容 提 要

openGauss 数据库是华为公司在多年数据库领域研发经验基础上开发的数据库产品，为企业级场景需求而设计。本书由浅入深地介绍了 openGauss 数据库的开发过程，主要内容包括 openGauss 数据库的安装和配置、体系结构和主要运行机制、GUC 参数、用户管理和审计、数据类型、表和索引、SQL 基础、常用函数、过程化 SQL 程序设计，以及数据库的备份与恢复等。本书通过实战帮助读者深入理解 openGauss 数据库的运行机制。

本书结构清晰，案例丰富，适合数据库管理员、程序开发人员、系统架构师等阅读。

◆ 著　　　付 强 顾 磊
　责任编辑 秦 健
　责任印制 焦志炜

◆ 人民邮电出版社出版发行　　北京市丰台区成寿寺路11号
　邮编 100164　电子邮件 315@ptpress.com.cn
　网址 https://www.ptpress.com.cn
　北京天宇星印刷厂印刷

◆ 开本：800×1000　1/16
　印张：17.5　　　　2024年9月第1版
　字数：393千字　　2024年9月北京第1次印刷

定价：69.80元

读者服务热线：(010)81055410　印装质量热线：(010)81055316
反盗版热线：(010)81055315
广告经营许可证：京东市监广登字20170147号

序　言

在数字化浪潮的推动下，数据库作为企业数据存储和处理的核心基础设施，其地位日益显著。在大数据、云计算和人工智能的背景下，数据库技术的创新与发展显得尤为关键。在这样的大环境下，华为公司推出了开源数据库——openGauss。作为一款高可用、高性能的开源数据库，openGauss 数据库为众多企业和开发者提供了全新的数据存储和处理解决方案。

然而，技术的进步往往带来学习和实践中的一系列挑战。如何快速掌握 openGauss 数据库的核心技术、实现高效的数据库管理和开发，成为摆在众多开发者和数据库管理员面前的一大难题。为此，《openGauss 数据库开发实战》一书应运而生。

这本书不仅仅是一本介绍 openGauss 数据库基础知识的图书，更是一份实战指南。这本书涵盖了从 openGauss 数据库的安装部署、基础操作到高级特性的应用，再到性能优化和安全管理等各个方面的知识。通过这本书，读者可以系统地掌握 openGauss 数据库的相关技术，及其在实际项目中的应用技巧。

这本书深入浅出地介绍了 openGauss 数据库的原理和应用方法。对于初学者，可以按照书中的步骤逐步学习，建立对 openGauss 数据库的全面认识；对于有一定经验的开发者，这本书提供了许多高级特性的深入剖析，有助于提升他们的技术水平和解决实际问题的能力。

此外，《openGauss 数据库开发实战》按照“安装配置→基础知识→安全管理→进阶应用”的结构进行编排，可以帮助读者从基础知识入手，逐步深入学习，高效掌握 openGauss 数据库的核心技能。

作为一本全面介绍 openGauss 数据库开发实战的图书，《openGauss 数据库开发实战》不仅为广大数据库爱好者提供了宝贵的学习资料和实践指导，而且将为推动 openGauss 数据库技术的普及和发展作出贡献。

最后，我衷心希望《openGauss 数据库开发实战》能够为广大读者带来实实在在的帮助。同时，也期待更多的数据库爱好者能够加入 openGauss 社区的大家庭，共同推动国产数据库技术的进步与创新。

马永林

中国石化共享服务有限公司副总经理

前　言

为什么要写这本书

数据库是信息系统的核心。国内的数据库市场长期被国际产品所主导。可喜的是，经过国内广大技术人员的不懈努力，数据库技术的国产化已经取得了巨大的进步。

目前，国内数据库厂商主要采取如下两种技术路线。

- 自主研发。例如，达梦公司从成立以来就始终坚持自主研发的路径，并取得了令人瞩目的成绩。
- 基于开源数据库进行开发。这主要是基于 PostgreSQL、MySQL 等国际知名开源数据库进行深度定制。其中，PostgreSQL 是世界知名的开源数据库，而 MySQL 则是目前在国内广受欢迎的开源数据库。

华为公司基于 PostgreSQL 9.2.4 版本开发了 GaussDB 数据库，并于 2020 年 6 月将其开源，命名为 openGauss。经过多个版本的迭代，openGauss 数据库不断完善。

与 PostgreSQL 相比，openGauss 数据库在很多方面进行了改进和优化，这些措施极大地提高了数据库的性能。其中最引人注目的提升有如下 3 点。

- 采用流行的 UNDO 技术开发了 USTORE 存储引擎，有效解决了数据频繁更新导致的数据文件快速膨胀的问题。
- 新增了增量检查点功能，缓解了 PostgreSQL 全量刷新数据到磁盘时可能导致的系统性能波动，使系统运行更加平稳。
- XID（事务 ID）从 32 位增加到 64 位，从根本上解决了事务 ID 耗尽的问题。

此外，openGauss 数据库采用木兰宽松许可证 v2 发布，任何人都可以免费下载和使用，由此诞生了很多基于 openGauss 数据库的优秀国产数据库软件，如云和恩墨的 MogDB、神州通用公司的神通数据库管理系统（openGauss 版）等。这些软件产品的出现极大地推动了国产数据库生态环境的健康发展。

本书旨在提供全面且深入的 openGauss 数据库开发指南，不仅阐述 openGauss 数据库的技术原理，还特别强调其与其他数据库技术的比较，以帮助读者更好地理解 openGauss 数据库的工作机制。

阅读本书的建议

尽管 openGauss 数据库是基于 PostgreSQL 开发的，但由于它经历了大量的修改和调整，因此在体系结构、参数设置和 SQL 语法等方面与 PostgreSQL 存在显著差异，对于有

PostgreSQL 使用经验的读者来说，注意它们之间的区别尤为重要。

鉴于 Oracle 数据库在国内的广泛应用和庞大的用户基础，为了减少学习成本，openGauss 数据库在 SQL 语法上与 Oracle 数据库基本保持兼容。因此，熟悉 Oracle 数据库的读者在学习 openGauss 数据库时会更容易，但也要注意二者在某些细节上的不同。

致谢

最后，我要向 openGauss 社区的贡献者们致以崇高的敬意。

付强

资源与支持

资源获取

本书提供如下资源：

- 书中源码；
- 书中图片文件；
- 本书思维导图；
- 异步社区 7 天 VIP 会员。

要获得以上资源，您可以扫描右侧二维码，根据指引领取。

提交勘误信息

作者和编辑尽最大努力来确保书中内容的准确性，但难免会存在疏漏。欢迎您将发现的问题反馈给我们，帮助我们提升图书的质量。

当您发现错误时，请登录异步社区（https://www.epubit.com），按书名搜索，进入本书页面，单击“发表勘误”，输入勘误信息，单击“提交勘误”按钮即可（见下图）。本书的作者和编辑会对您提交的勘误信息进行审核，确认并接受后，您将获赠异步社区的 100 积分。积分可用于在异步社区兑换优惠券、样书或奖品。

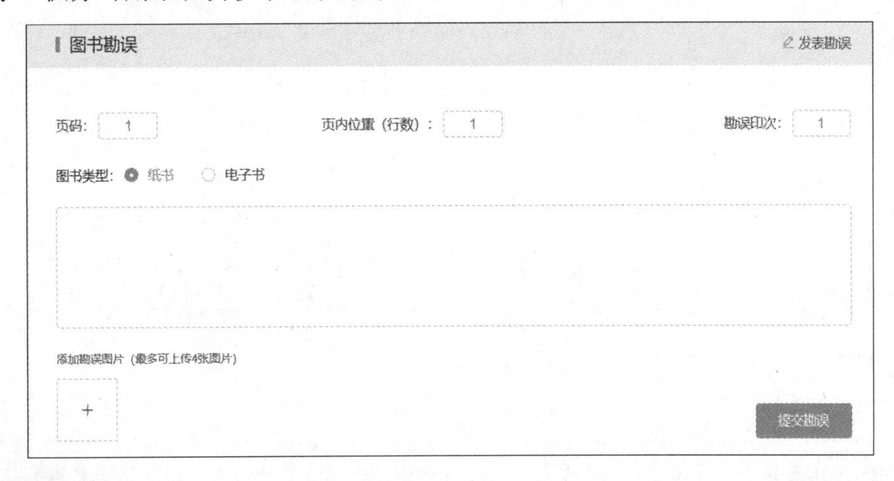

与我们联系

我们的联系邮箱是 contact@epubit.com.cn。

如果您对本书有任何疑问或建议，请您发邮件给我们，并在邮件标题中注明本书书名，以便我们更高效地做出反馈。

如果您有兴趣出版图书、录制教学视频，或者参与图书翻译、技术审校等工作，可以发邮件给我们。

如果您所在的学校、培训机构或企业，想批量购买本书或异步社区出版的其他图书，也可以发邮件给我们。

如果您在网上发现有针对异步社区出品图书的各种形式的盗版行为，包括对图书全部或部分内容的非授权传播，请您将怀疑有侵权行为的链接通过邮件发送给我们。您的这一举动是对作者权益的保护，也是我们持续为您提供有价值的内容的动力之源。

关于异步社区和异步图书

“异步社区”是由人民邮电出版社创办的 IT 专业图书社区，于 2015 年 8 月上线运营，致力于优质内容的出版和分享，为读者提供高品质的学习内容，为作译者提供专业的出版服务，实现作者与读者在线交流互动，以及传统出版与数字出版的融合发展。

“异步图书”是异步社区策划出版的精品 IT 图书的品牌，依托于人民邮电出版社在计算机图书领域四十余年的发展与积淀。异步图书面向各行业的信息技术用户。

目 录

第 1 章

openGauss 数据库的安装和配置

openGauss 数据库分企业版、轻量版和极简版 3 种。企业版对安装环境的硬件配置要求较高，安装也较为复杂。轻量版和极简版对硬件环境要求不高，而且包含了企业版的大部分功能，安装过程也较为方便。极简版主要用于个人测试环境，不建议在生产环境中使用。所有版本的软件安装包均可以在 openGauss 数据库的官方网站下载。

为方便搭建学习环境，本书主要以 openGauss 5.0.0 轻量版单机模式为例进行讲解演示。其他版本的安装与配置，请参见官方文档。

1.1 安装

操作系统对数据库的运行影响非常大。openGauss 数据库目前只支持在 Linux 操作系统中安装。推荐使用华为公司开发的 Linux 发行版 openEuler 操作系统。本书将以 openEuler 22.03 版本为学习环境。openEuler 操作系统的操作方式与 CentOS 操作系统非常类似，使用过 Linux 操作系统的读者稍加学习就能熟练掌握。openEuler 操作系统的社区发行版可以到官方网站免费下载。

本书的 openEuler 操作系统安装环境使用的是由 Windows 10 操作系统自带的虚拟化软件 Hyper-V 创建的虚拟机。虚拟机资源配置为：虚拟处理器 4 个，内存 4GB，虚拟硬盘 40GB。

在安装服务器的 openEuler 操作系统后，首先将 openGauss 安装包上传至服务器，接着就可以开始安装 openGauss 数据库了。具体的安装步骤如下。

1. 关闭 SELinux

使用 vi 命令打开 SELinux 的配置文件：

```
vi /etc/selinux/config
```

修改 SELinux 的值为 disabled，保存并退出修改。

重启系统后配置生效。

2. 创建 openGauss 用户组 dbgroup 和初始化用户 omm

可以通过如下命令创建 openGauss 用户组 dbgroup 和初始化用户 omm：

```
groupadd dbgroup
useradd -g dbgroup omm
```

3. 创建数据库安装目录

创建数据库安装目录，并将该目录的所有者和用户组修改为 omm 和 dbgroup。本次安装计划在根目录下创建数据库目录 /openGauss。具体命令如下：

```
mkdir /openGauss
chown -R omm:dbgroup openGauss
```

4. 解压安装包

切换到 omm 用户，解压安装包到目录 /home/omm。具体命令如下：

```
su - omm
tar -zxf openGauss-Lite-5.0.0-openEuler-x86_64.tar.gz -C /home/omm
```

5. 开始安装

进入安装包目录，开始安装。具体命令如下：

```
cd /home/omm
echo P@ssw0rd | sh ./install.sh --mode single -D /openGauss/data -R /
openGauss/install  --start
```

上述命令中主要参数的含义如下。

-D：表示数据库数据文件路径，不可与安装目录交叉。本次安装的数据库数据文件路径指定为 /openGauss/data。

-R：表示数据库安装路径，不可与数据目录交叉。本次安装的数据库安装路径指定为 /openGauss/install。

-start：表示安装完成后启动数据库。

数据库密码长度为 8~32 个字符，要求至少包含大写英文字母、小写英文字母、数字、特殊字符 4 种字符中的 3 种。为方便使用，这里使用常见的复杂密码“P@ssw0rd”。这个密码已经广为流传，在生产环境中请勿使用。

6. 查看数据库状态

通过如下命令查看数据库状态：

```
[omm@bogon /]$ gs_ctl query -D /openGauss/data
[2023-06-06 22:51:51.432][6788][][gs_ctl]: gs_ctl query,datadir is /
openGauss/data
 HA state:
        local_role                     : Normal
        static_connections             : 0
        db_state                       : Normal
        detail_information             : Normal
     Senders info:
No information
```

```
    Receiver info:
No information
```

7. 登录数据库

通过如下命令使用初始化用户 omm 登录数据库：

```
[omm@bogon /]$ gsql -d postgres
gsql ((openGauss-lite 5.0.0 build a07d57c3) compiled at 2023-03-29 03:49:47 commit 0 last mr  release)
Non-SSL connection (SSL connection is recommended when requiring high-security)
Type "help" for help.
openGauss=#
```

> **说明**
>
> postgres 为安装数据库过程中创建的默认数据库。初始化用户 omm 在服务器上登录默认数据库时不需要密码。gsql 为 openGauss 数据库提供的连接数据库的命令行工具，类似 Oracle 数据库的 SQL plus。关于 gsql 的使用方法，可以输入命令 gsql --help 查看。

1.2 配置

在安装 openGauss 数据库后即可在服务器端登录数据库。但如果需要远程连接 openGauss 数据库，则应先进行连接配置。具体的配置步骤如下。

1. 修改配置文件 pg_hba.conf

openGauss 数据库通过配置文件 pg_hba.conf 对远程连接进行安全控制。pg_hba.conf 配置文件默认存放在 data 路径下，而且默认只允许本机进行连接（127.0.0.1/32）。

首先通过如下命令打开配置文件：

```
vi /openGauss/data/pg_hba.conf
```

在 pg_hba.conf 中，记录的含义：TYPE 表示连接方式，DATABASE 表示连接数据库，USER 表示连接用户，ADDRESS 表示连接地址，METHOD 表示加密方式。

然后在配置文件中添加如下记录：

```
host    all    all    0.0.0.0/0    sha256
```

上述记录的含义：all 表示全部（数据库、用户），0.0.0.0/0 表示所有地址均可连接。由于这样的设置并不安全，因此在生产环境中建议根据需要进行设置。

修改完毕后，通过如下命令重启数据库：

```
[omm@bogon /]$ gs_ctl restart -D /openGauss/data
```

2. 修改默认监听地址

/openGauss/data 目录下的配置文件 postgresql.conf 中的 listen_addresses 参数指定 openGauss 服务器使用哪些 IP 地址进行监听。一般来说，服务器可能存在多个网卡，每个网卡可以绑定多个 IP 地址，而该参数用于控制 openGauss 数据库到底绑定在哪个或者哪几个 IP 地址上。用户则可以通过客户端以该参数指定的 IP 地址来连接 openGauss 数据库。

openGauss 数据库默认只监听本地主机 127.0.0.1——这个 IP 地址是无法远程访问的。所以，为了远程连接数据库，需要修改配置文件 postgresql.conf 的监听地址参数 listen_addresses。由于个人创建的虚拟机的 IP 经常会发生变化，因此可以设置 listen_addresses='0.0.0.0'，这样就无须每次启动虚拟机时都修改监听地址。

可以通过如下命令查看监听地址：

```
openGauss=# show listen_addresses;
listen_addresses
------------------
0.0.0.0
(1 row)
```

其中，0.0.0.0 或星号“*”表示监听所有 IP 地址。由于配置监听所有 IP 地址的行为存在安全风险，因此在生产环境中不建议这样使用，推荐使用本机的有效 IP 地址。如果设置了多个 IP，则需要用英文逗号“,”隔开。listen_addresses 参数设置完成后需要重启数据库。

3. 开放 openGauss 数据库服务端口

openGauss 数据库的默认服务端口为 5432 和 5433。

可以通过如下命令查看监听端口：

```
openGauss=# show port;
port
------
5432
(1 row)
```

如果不希望关闭防火墙，则应开放这两个端口，以便进行远程连接。具体命令如下：

```
[root@bogon /]# firewall-cmd --zone=public --add-port=5432/tcp -permanent
[root@bogon /]# firewall-cmd --zone=public --add-port=5433/tcp -permanent
```

重新加载防火墙的命令如下：

```
[root@bogon /]# firewall-cmd -reload
```

查看防火墙开放端口的命令如下：

```
[root@bogon /]# firewall-cmd --list-port
5432/tcp 5433/tcp
```

4. 创建数据库和数据库用户

omm 为安装 openGauss 数据库时创建的初始化用户，不能用于远程连接数据库。另外，omm 拥有管理员权限，只能用于数据库管理。所以，使用数据库时还需要创建数据库用户。此外，数据库安装完成后默认创建 postgres 数据库。

在服务器上使用 omm 用户直接登录 postgres 数据库的命令如下：

```
[omm@bogon /]$ gsql -d postgres
gsql ((openGauss-lite 5.0.0 build a07d57c3) compiled at 2023-03-29 03:49:47 commit 0 last mr  release)
Non-SSL connection (SSL connection is recommended when requiring high-security)
Type "help" for help.
openGauss=#
```

创建测试 test 数据库的命令如下：

```
openGauss=# create database test;
create database
```

> **注意**
>
> openGauss 数据库默认兼容 Oracle 数据库（指定参数 dbcompatibility='A'）。不同兼容模式下的语法存在一定差异。本书以 A 兼容模式为主进行讲解。
>
> 如果想创建兼容 MySQL 的数据库，可以指定参数 dbcompatibility='B'。例如下面的命令：
>
> ```
> openGauss =# create database mysql dbcompatibility='B';
> create database
> ```

登录 test 数据库的命令如下：

```
[omm@bogon /]$ gsql -d test
gsql ((openGauss-lite 5.0.0 build a07d57c3) compiled at 2023-03-29 03:49:47 commit 0 last mr  release)
Non-SSL connection (SSL connection is recommended when requiring high-security)
Type "help" for help.
test=#
```

在 test 数据库上创建数据库用户 test 的命令如下：

```
test=# create user test identified by 'P@ssw0rd';
create role
```

在创建用户后，openGauss 数据库会在数据库中创建一个同名的模式（schema），具体命令如下：

```
test=# \dn
     List of schemas
      Name       | Owner
-----------------+----------
      blockchain | omm
          cstore | omm
           db4ai | omm
        dbe_perf | omm
  dbe_pldebugger | omm
 dbe_pldeveloper | omm
    dbe_sql_util | omm
     pkg_service | omm
          public | omm
        snapshot | omm
      sqladvisor | omm
            test | test
(12 rows)
```

至此就可以使用 test 用户远程连接 openGauss 数据库了。

test 用户使用 gsql 连接本地的 test 数据库，具体命令如下：

```
[omm@bogon ~]$ gsql -d test -U test
Password for user test:
```

首先输入 test 用户的密码，然后按 Enter 键即可：

```
gsql ((openGauss-lite 5.0.0 build a07d57c3) compiled at 2023-03-29 03:49:47 commit 0 last mr  release)
Non-SSL connection (SSL connection is recommended when requiring high-security)
Type "help" for help.
test=> help
You are using gsql, the command-line interface to gaussdb.
Type:  \copyright for distribution terms
       \h for help with SQL commands
       \? for help with gsql commands
       \g or terminate with semicolon to execute query
```

```
        \q to quit
test=>
```

1.3 远程连接工具

openGauss 数据库提供图形化集成开发环境工具 Data Studio，可以帮助数据库开发人员方便地构建应用程序，以及使用图形化界面创建和管理数据库对象。

Data Studio 可以在社区网站下载。该软件无须安装，直接双击下载的可运行程序即可运行，但要求计算机中已安装 Java 11 或更高的版本。

在运行 Data Studio 的过程中有时会弹出“启动失败”错误提示框，如图 1-1 所示。

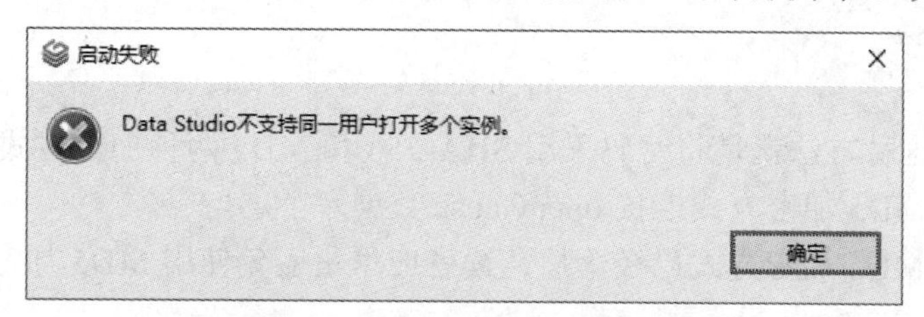

图 1-1 “启动失败”错误提示框

这条报错信息并不准确。此时只须右击 DataStudio.exe，在弹出的快捷菜单中选择“以管理员身份运行”命令即可。

此外，openGauss 数据库兼容 PostgreSQL 协议，其他能连接 PostgreSQL 数据库的工具通常也可以直接连接 openGauss 数据库，例如 pgAdmin4、Navicat for PostgreSQL 等。但由于 openGauss 数据库默认使用 SHA-256 方式加密，而有的客户端工具只支持 MD5 加密方式，这时就需要对数据库连接的加密方式进行修改。修改步骤如下。

1. 修改配置文件 postgresql.conf

在 openGauss/data 下的配置文件 postgresql.conf 中修改参数 password_encryption_type = 1。其中，1 表示采用 SHA-256+MD5 两种方式加密；2 表示采用 SHA-256 方式加密；0 表示采用 MD5 方式加密。该参数的默认值为 2。

2. 修改配置文件 pg_hba.conf

在 opeGauss/data 下的配置文件 pg_hba.conf 中增加连接客户端的地址，设置 method（加密方式）为 MD5。例如，如下命令允许所有用户以 MD5 加密方式连接所有数据库：

```
Host     all    all    0.0.0.0/0     md5
```

修改配置文件后，重启数据库。

3. 修改用户密码

修改用户密码的命令如下：

```
test=> alter user test identified by '新密码' replace '旧密码';
```

```
NOTICE: The encrypted password contains MD5 ciphertext, which is not secure.
alter role
```

查看加密后的密码的命令如下：

```
openGauss=# select rolpassword from pg_authid where rolname='test';
rolpassword
---------------------------------------------------------------
sha25684c21d01b1efaed9322913ba225923a997b57a017282041555225f9ffd923256cb5dc5c260060ad99f816a049d65fde9a202c9357a961d8ed29411cd429ede7b790e6f07a853c833-7d0694ea29f105a390cfb73970bec6097db4451336f61c41md5e33497c8b195ca2a698b1b50333f2256ecdfecefade
(1 row)
```

可以看到，这种方法就是将密码采用 SHA-256 和 MD5 两种加密方式进行加密存储。此时就可以使用 MD5 加密方式连接 openGauss 数据库了。

注意，由于 MD5 加密方式已经落后，读者应尽量避免使用 MD5 加密方式。

1.4 卸载

openGauss 数据库的轻量版可以直接使用卸载脚本 uninstall.sh 进行卸载。该脚本没有存放在安装路径下，可以在解压后的安装包中查找。

卸载步骤如下。

步骤 1：以 openGauss 数据库初始化用户 omm 登录数据库服务器。

步骤 2：进入安装包解压后的目录。

步骤 3：执行 uninstall.sh 脚本。具体命令如下：

```
sh uninstall.sh
```

如果需要清理对应的安装目录和数据目录，则需要添加 -delete-data 参数，具体命令如下：

```
sh uninstall.sh --delete-data
```

1.5 数据库的启动与停止

gs_ctl 是 openGauss 数据库提供的数据库服务控制工具，可以用来启动、停止数据库服务以及查询数据库的状态。执行 gs_ctl 命令前需要先切换到 omm 用户，启动命令如下：

```
gs_ctl start -D /openGauss/data
```

其中，参数 -D 表示指定数据目录的位置；参数 start 表示启动；参数 stop 表示停止；

参数 restart 表示重启；参数 status 表示查看数据库的状态。

如果要实现 openGauss 数据库随服务器开机自启动，可以将启动脚本配置成后台服务。具体步骤如下。

1. 创建文件 openGauss.service

在目录 /usr/lib/systemd/system 下创建文件 openGauss.service，文件内容如下：

```
[Unit]
Description=openGauss5.0.0
Documentation=openGauss Server
After=syslog.target
After=network.target
[Service]
Type=forking
User=omm
Group=dbgroup
Environment=GAUSSDATA=/openGauss/data
Environment=GAUSSHOME=/openGauss/install
Environment=LD_LIBRARY_PATH=/openGauss/install/lib
ExecStart=/openGauss/install/bin/gs_ctl start -D /openGauss/data
ExecReload=/openGauss/install/bin/gs_ctl restart -D /openGauss/data
ExecStop=/openGauss/install/bin/gs_ctl stop -D /openGauss/data
KillMode=mixed
KillSignal=SIGINT
TimeoutSec=0
[Install]
WantedBy=multi-user.target
```

> **注意**
> 文件中的路径均为绝对路径，环境变量要与操作系统用户 omm 的环境变量一致。

2. 设置 openGauss 数据库服务开机自启动

设置 openGauss 数据库服务开机自启动的命令如下：

```
systemctl enable openGauss.service
```

3. 启动 openGauss 数据库服务

启动 openGauss 数据库服务的命令如下：

```
systemctl start openGauss
```

4. 重新启动 openGauss 数据库服务

重新启动 openGauss 数据库服务的命令如下：

```
systemctl restart openGauss
```

5. 停止 openGauss 数据库服务

停止 openGauss 数据库服务的命令如下：

```
systemctl stop openGauss
```

设置 openGauss 数据库开机自启动的目的是有效应对因意外事故导致的服务器重启、提高系统的健壮性、减轻运维工作量以及降低事故对业务的影响。

在生产环境中，推荐将数据库服务设置成开机自启动。

1.6 gsql

gsql 是 openGauss 数据库提供的命令行工具，可以用来连接服务器，以便进行操作和维护，同时该工具还提供若干高级特性，便于用户使用。

在 gsql 的使用过程中，参数 -d 用于指定目标数据库的名称；参数 -U 用于指定数据库的用户名；参数 -h 用于指定主机名或 IP 地址（若采用本机登录方式，则可以省略此参数）；参数 -p 用于指定端口（若使用默认端口，则可以省略此参数）。

连接本机数据库的命令如下：

```
gsql.-d dbname -U username
```

获取帮助的命令如下：

```
openGauss=# \h
```

退出数据库的命令如下：

```
openGauss=# \q
```

在默认情况下，当客户端连接数据库后处于空闲状态的时间超过参数 session_timeout 的值（默认值为 10min）时，会自动断开连接。可以在配置文件 postgresql.conf 中将 session_timeout 设置为 0（0 表示禁用此参数）。

通过 gsql --help 命令可以获取全部参数及其说明：

```
[omm@localhost ~]$ gsql --help
```

1.7 元命令

元命令是在 gsql 中输入的以不带引号的反斜杠开头的命令。元命令简洁实用。开发人员熟练掌握该命令后可以极大地提高工作效率。

在使用元命令的过程中需要注意如下事项。

- gsql 元命令的格式是反斜杠后面紧跟一个动词，之后是参数。参数命令动词和其他参数以任意个空白字符间隔。

- 若希望在参数中包含空白，则必须用单引号包括空白。若希望在这样的参数中包含单引号，则可以在单引号前加一个反斜杠。任何包含在单引号中的内容都会被进一步进行类似 C 语言的替换：\n（表示新行）、\t（表示制表符）、\b（表示退格）、\r（表示回车符）、\f（表示换页）、\digits（八进制表示的字符）、\xdigits（十六进制表示的字符）。
- 用双引号包围的内容会被当作一个命令行传入 shell。该命令的输出（删除结尾的新行）被当作参数值。
- 如果不带引号的参数以英文状态的冒号“:”开头，则它会被当作一个 gsql 变量，并且该变量的值最终会成为真正的参数值。
- 一些命令以一个 SQL 标识的名称（如一个表）为参数。这些参数遵循 SQL 语法关于双引号的规则：不带双引号的标识强制转换为小写英文字母，而双引号保护英文字母不进行大小写转换，并且允许在标识符中使用空白。在使用双引号时，成对的双引号在结果名称中被解析成一个双引号。例如，FOO"BAR"BAZ 被解析成 fooBARbaz，而 "Aweird""name" 被解析成 Aweird"name。
- 对参数的解析在遇到另一个不带引号的反斜杠时停止。此时一般认为是一个新的元命令的开始。特殊的双反斜杠序列（\\）标识参数的结尾并将继续解析后面的 SQL 语句。这样可以自由地在一行中混合 SQL 和 gsql 命令。但是，在任何情况下，一个元命令的参数都不能延续超过行尾。

常用的元命令如下。

\h(\help) [NAME]：表示给出指定 SQL 语句的语法帮助。如果没有给出参数 NAME，则 gsql 会列出可获得帮助的所有命令。如果参数 NAME 是一个星号（*），则显示所有 SQL 语句的语法帮助。例如，查询创建物化视图的语法命令如下：

```
test=> \h create material view
Command:     create materialized view
Description: define a new materialized view
Syntax:
create [ incremental ] materialized view table_name
    [ (column_name [, …] ) ]
    [ tablespace tablespace_name ]
    AS query
```

\c [DBNAME]：表示切换数据库。

\q：表示退出 gsql 程序。在一个脚本文件中，该命令只在脚本终止时执行。

\echo [STRING]：表示把字符串写到标准输出。例如下面的命令：

```
test=> \echo who r u ?
```

```
who r u ?
```

\w FILE：表示将当前查询缓冲区输出到文件。

\i FILE：表示从文件 FILE 中读取内容，并将其当作输入，执行查询。

例如，在服务器目录 openGauss 下编辑命令文件 aaa.txt，输入查询命令“select version();”，然后保存。通过元命令调用 aaa.txt 中的命令：

```
test=> \i /openGauss/aaa.txt
                                    version
--------------------------------------------------------
 (openGauss-lite 5.0.0 build a07d57c3) compiled at 2023-03-29 03:49:47
commit 0 last mr  release
(1 row)
```

\o [FILE]：表示把所有的查询结果发送到文件中。使用该命令后，后面的所有查询结果都将不再输出到屏幕，而是全部输出到文件中。如果想恢复输出到屏幕，只须执行 \o 命令即可。

\copy：表示将数据从文件导入表，或将数据从表导出到文件中。

例如，将表 b 的内容导出到文件 b.txt 中的命令如下：

```
test=> select * from b;
 id | demo
-------+---------
  1 |   a
  2 |   b
(2 rows)
test=> \copy b to '/home/omm/b.txt';
```

查看导出的文件的命令如下：

```
[omm@localhost ~]$ cat b.txt
1       a
2       b
```

导入过程与此类似，具体命令如下：

```
test=> \copy b from '/home/omm/b.txt';
test=> select * from b;
 id | demo
-------+---------
  1 |   a
  2 |   b
  1 |   a
```

```
  2 |    b
(4 rows)
```

导出时可以对数据进行筛选，也可以指定分隔符，具体命令如下：

```
\copy (select * from b where id=1) to '/home/omm/bb.txt' delimiter ',';
```

查看导出文件的命令如下：

```
[omm@localhost ~]$ cat bb.txt
1,a
1,a
```

也可以指定导出成 csv 文件，具体命令如下：

```
test=> \copy (select * from b where id=1) to '/home/omm/b.csv' with csv header;
[omm@localhost ~]$ cat b.csv
id,demo
1,a
1,a
```

\d[S+]：表示列出当前 search_path 模式下所有的表、视图和序列。其中，参数 S 表示列出系统对象。

search_path 为用户能看到的 schema，通常为 "$user", public，即用户默认模式（与用户名相同的模式）和 public 模式。

\d[S+] NAME：表示列出指定表、视图和索引的结构。例如下面的命令：

```
test=> \d t1
                    Table "test.t1"
 Column |                 Type                | Modifiers
--------+-------------------------------------+-----------
     id |                              integer |
     sj | timestamp(0) without time zone |
   demo |          character varying(200) |
  demo2 |                                 text |
```

\d[+] [PATTERN]：表示列出所有的表、视图和索引。其中，参数 + 表示列出更多的信息。

例如，列出所有 t 开头的表的命令如下：

```
\d t*
```

\da[S] [PATTERN]：表示列出所有可用的聚集函数，以及它们操作的数据类型和返回值类型。

\db[+] [PATTERN]：表示列出所有可用的表空间。

\ddp [PATTERN]：表示显示所有默认的使用权限。

\dg[+] [PATTERN]（功能同 \du 命令）：表示列出所有的数据库角色。

\dn[S+] [PATTERN]：表示列出所有模式（名称空间）。如果向命令中追加参数 +，则会列出与每个模式相关的权限及其描述。

\do[S] [PATTERN]：表示列出所有可用的操作符，以及它们的操作数和返回的数据类型。

\dT[S+] [PATTERN]：表示列出所有的数据类型。

\du[+] [PATTERN]：表示列出所有的数据库角色。

\df[+] [PATTERN]：表示列出所有的存储过程和函数。

\l[+]：表示列出服务器上所有数据库的名称、所有者、字符集编码以及使用权限。

\sf [PATTERN]：该命令后面接函数名后可查看函数的定义。

\z [PATTERN]：表示列出数据库中所有的表、视图和序列，以及它们相关的访问特权。

\？：表示列出所有的元命令以及这些元命令的说明及用法。具体命令如下：

```
test=> \?
```

第 2 章

体系结构和主要运行机制

由于 openGauss 数据库是基于 PostgreSQL 9.2.4 的源代码修改而来的，因此两者在体系结构上有很多的相似之处，具有很强的兼容性。此外，openGauss 数据库修改和新增了 70 多万行核心代码，核心代码自主率超过 80%。在整体架构、数据库内核三大引擎（优化器、执行引擎、存储引擎）、事务以及鲲鹏芯片等方面，openGauss 数据库也做了大量的深度优化。这些工作极大地增强了 openGauss 数据库的高可用、数据库安全和人工智能特性等。

2.1 物理结构

安装 openGauss 数据库时将指定两个路径——数据库数据路径（data）和数据库安装路径（install）。openGauss 数据库的大部分文件就存放在这两个路径下。

2.1.1 数据库数据路径

data 目录用于存放数据库的全部数据和配置信息。

base 为默认表空间的目录，其中包含数据库中的各个数据库，每个数据库由一个文件夹组成，文件名是该数据库的 OID（Object IDentifier，对象标识符）。通过系统视图 pg_database 可以查询到数据库的 OID 信息：

```
openGauss=# select oid,datname from pg_database;
  oid  |  datname
-------------+----------------
     1 | template1
 16397 |      test
 14801 | template0
 14806 |  postgres
(4 rows)
```

global 目录用于存放共享的系统表和数据字典表，类似于 Oracle 数据库的系统表空间 system 和 sysaux。

pg_clog 目录用于存放事务提交状态数据。

pg_xlog 目录用于存放 WAL（Write-Ahead Logging，预写日志）文件。

pg_location 目录为自建表空间的相对路径的目录。

pg_tblspc 目录用于存放用户自建表空间实际目录的链接文件。

pg_log 目录为系统日志目录，用于保存系统运行状况信息。

pg_audit 目录用于存放审计信息。

pg_twophase 目录用于存放预备事务的状态文件。

sql_monitor 目录用于存放异常 SQL 信息，类似 MySQL 数据库的慢日志。

undo 目录用于存放回滚（rollback）数据，类似 Oracle 数据库的 undo 表空间。

除了以上介绍的主要目录以外，还有如下 3 个重要的配置文件。

- postgresql.conf：数据库实例最重要的配置文件，用于存放所有的配置参数。
- pg_hba.conf：客户端认证配置文件，用于保存允许哪些 IP 的主机访问数据库、认证方法等信息。
- pg_ident.conf：配置哪些操作系统用户可以映射为数据库用户。

2.1.2　数据库安装路径

install 目录包含 bin、etc、include、lib、share 4 个目录和一个文件 version.cfg。

- bin 目录包含数据库命令工具和程序，如 gs_ctl、gs_guc、gsql、lz4、pg_resetxlog、cluster_guc.conf、gs_dump、gs_initdb、gs_restore、pg_config、gaussdb、gs_dumpall、gs_probackup、gstrace、pg_controldata 及一些配置文件。其中，gaussdb 是数据库进程的主程序。
- etc 目录用于存放配置信息。
- include 目录用于存放头文件。
- lib 目录用于存放库文件。
- share 目录用于存放一些共享文件。
- version.cfg 文件用于保存数据库的版本信息。

2.2　逻辑结构

openGauss 数据库的逻辑结构如图 2-1 所示。

2.2.1　数据库

数据库（database）是存储在一起的相关数据的集合，这些数据可以被访问、管理及更新。

数据库用于管理各类数据对象，并与其他数据库隔离。创建数据对象时可以指定存放的表空间，如果不指定表空间，相关的对象会默认保存在 PG_DEFAULT 表空间中。数据库管理的对象可以分布在多个表空间上。

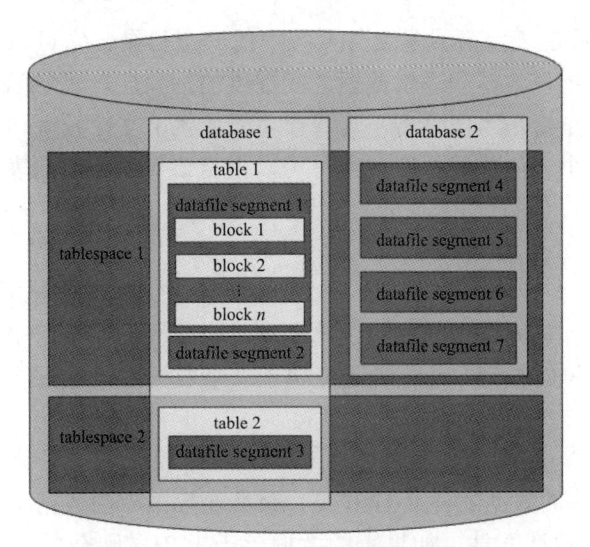

图 2-1　openGauss 数据库的逻辑结构

2.2.2　模式

模式（schema）是数据库对象的集合，例如表、视图、序列、存储过程、同义名、索引及数据库链接。

数据库与模式都是数据对象的集合，它们的区别在于：一个数据库可以包含多个模式，而一个模式只能属于一个数据库。因此，模式更像是数据库中数据对象的分组，可以方便管理和授权。

2.2.3　表空间

简单来说，表空间（tablespace）就是数据库中用于存放数据的存储空间。不同类型的数据库对表空间的定义有所不同。

Oracle 数据库的表空间是一组数据文件的逻辑分组，普通的表空间（smallfile tablespace）包括的数据文件数量不得大于 1024，大文件表空间（bigfile tablespace）则只能有一个数据文件。

SQL Server 数据库只有文件组（多个数据文件的组合），没有表空间的概念，每个数据库的数据都存放在各自的文件组中。

MySQL 的 InnoDB 存储引擎会默认创建一个共享的系统表空间，把 InnoDB 的数据字典等系统数据存放到一个名为 ibdata1 的文件中，另外，也可以存储用户自建表的数据。当开启 innodb_file_per_table 配置选项时，InnoDB 存储引擎会为每个表创建一个独立的表空间，即每个表都有一个单独的 .ibd 文件，用于存储其数据和索引，这样可以更好地实现数据隔离和管理。

openGauss 数据库的表空间只是文件系统中的一个目录，它可以为所有的数据库对象分配存储空间，是在物理数据和逻辑数据之间提供的抽象层。表空间存放的是它所包含的数据库的物理文件，作用是物理隔离，其管理功能依赖于文件系统。

表空间可以有多个。创建数据库对象时可以指定该对象所属的表空间（该表空间必须事先创建完成）。

2.2.4 表

表（table）是由行与列组合而成的逻辑实体，也是数据库中用来存储数据的数据库对象，是整个数据库系统的基础。每张表只能属于一个数据库，也只能对应到一个表空间。

2.2.5 数据文件

openGauss 数据库的数据文件（datafile）跟其他数据库的数据文件有很大的不同，通常每张表只对应一个数据文件。如果表的数据大于 1GB，则会自动分成多个数据文件进行存储。数据文件的命名跟数据库目录一样，也是采用数字命名。当数据文件大于 1GB 时，新增加的数据文件名加后缀编号，如 filename.1、filename.2 等。例如，数据文件 1000，数据增加大于 1GB 后，新增加的数据文件为 1000.1。

如果想要确定某张表对应文件目录中的哪个文件，就需要根据表的属性进行查询。例如，用户 test 在数据库 test 下创建了表 t1。如果想要查询表 t1 对应的数据文件，首先要确定数据库 test 的 OID：

```
test=# select oid,datname from pg_database where datname='test';
  oid  | datname
-------------+-------------
 16397 |    test
(1 row)
```

然后，查找用户 test 的 OID：

```
test=# select oid,rolname from pg_authid where rolname='test';
  oid  | rolname
-------------+-------------
 16398 |    test
(1 row)
```

因为不同的 schema 下有可能存在相同的表名，所以还要查找 test 用户的 schema 的 OID（用户的默认 schema 与用户名相同）：

```
test=# select oid,nspname from pg_namespace where nspname='test';
  oid  | nspname
-------------+-------------
```

```
 16400 |    test
(1 row)
```

最后查找数据文件名：

```
test=# select relname,relowner,relnamespace,relfilenode from pg_class
where relname='t1' and relowner=16398 and relnamespace=16400;
 relname | relowner | relnamespace | relfilenode
---------+----------+--------------+-------------
      t1 |    16398 |        16400 |       24597
(1 row)
```

在数据库 test 的目录 16398 可以找到文件 24597，这就是 test 用户创建的表 t1 的数据文件。

也可以写一个复杂的查询，用于查询所有的表的文件信息：

```
select relname,rolname,nspname,relfilenode from pg_class c,pg_authid a,pg_
namespace n where c.relowner=a.oid and c.relnamespace=n.oid;
```

注意，pg_class 中“映射”表的 relfilenode 为 0。例如，数据库目录下的 pg_filenode.map 文件用于将当前目录下系统表的 OID 与具体文件名进行硬编码映射。relfilenode 为 0 的数据文件就是通过 pg_filenode.map 将 OID 与文件硬编码映射的。

在系统表中查询数据文件名的方法很麻烦。好在 openGauss 数据库提供了系统函数 pg_relation_filenode，普通用户可以直接使用这些系统函数查询到表的数据文件名：

```
test=> select pg_relation_filenode('t1');
 pg_relation_filenode
----------------------
                24597
(1 row)
```

使用系统函数 pg_relation_filepath 可以查询数据文件的完整路径：

```
test=> select pg_relation_filepath('t1');
 pg_relation_filepath
----------------------
 base/16397/24597
(1 row)
```

在查询 SQL 中可以直接调用这些系统函数。例如，查询 test 模式下所有表的数据文件路径：

```
test=> select tablename,pg_relation_filepath(tablename::varchar) from pg_
tables where schemaname='test';
 tablename | pg_relation_filepath
```

```
--------------------+------------------------------
        t1 | base/16397/24597
(1 row)
```

2.2.6 数据块

数据块（block）是 openGauss 数据库管理的基本数据存储单位，默认大小为 8KB。

2.3 openGauss 数据库的主要运行机制

openGauss 数据库脱胎于 PostgreSQL，与 Oracle、MySQL、SQL Server 等数据库在运行机制上有很大的不同。

2.3.1 OID

OID 是一个 4B 的无符号整数，用来在数据库中唯一标识一个数据库对象，通常作为各系统表的主键。在前面的示例中，数据库、用户、模式、表等都将 OID 作为唯一标识进行关联。

由于 OID 在系统表中是一个隐藏列，因此在使用“*”查询所有字段时其不会展现在查询结果中，需要显式指定。例如：

```
test=# select oid,datname from pg_database;
  oid  |  datname
-------------+----------------
     1 | template1
 16397 |     test
 14801 | template0
 14806 |  postgres
(4 rows)
test=# select oid,rolname from pg_authid;
  oid  |         rolname
-------------+-------------------------------------
  1044 |       gs_role_copy_files
  1045 | gs_role_signal_backend
  1046 |     gs_role_tablespace
  1047|    gs_role_replication
  1048 |   gs_role_account_lock
  1055 |     gs_role_pldebugger
```

```
  1056 | gs_role_directory_create
  1059 |   gs_role_directory_drop
    10 |                      omm
 16398 |                     test
(10 rows)
```

需要注意的是，OID 有时是会改变的。例如，对表进行截断（truncate）后，原来的存储空间被弃用并释放，新创建的表虽然名称没变，但指向一个新的数据文件：

```
test=> select pg_relation_filepath('t1');
 pg_relation_filepath
----------------------
 base/16397/24611
(1 row)
test=> truncate table t1;
truncate table
test=> select pg_relation_filepath('t1');
 pg_relation_filepath
----------------------
 base/16397/24617
(1 row)
```

此外，对表进行回收存储空间（vacuum）的操作，也会改变表的 OID。

OID 也可以用作一个 4 字节的无符号整数的数据类型。例如：

```
test=> create table t2(id oid);
create table
test=> \d t2
      Table "test.t2"
 Column | Type | Modifiers
--------+------+-----------
     id | oid |
test=> insert into t2 values(100),(-1);
insert 0 2
test=> select * from t2;
     id
------------
        100
 4294967295
(2 rows)
```

2.3.2 TOAST

TOAST（The Oversized-Attribute Storage Technique，超长字段存储技术）主要用于存储长度很长的字段的值。

数据库的基本存储单位是数据块（也称为数据页），默认是 8KB（MySQL 数据库默认是 16KB）。当一条数据记录的长度超过数据块的大小，或数据记录因为更新操作导致数据长度增加，而数据块可用空间不足以存放更新后的数据时，数据库系统就需要对这些超长、变长的数据记录进行处理。

Oracle 数据库的处理方法有行链接和行迁移两种。行链接是将超过数据块大小的超长数据记录进行拆分，分别存放在多个数据块中。行迁移是将变长的数据记录迁移到其他数据块，被迁移的数据记录原来所在位置只保存一个指向数据记录实际存放的数据块中位置的指针。

openGauss 数据库不允许一行数据跨数据块存储，当表中的某个列的数据大小超过指定的阈值（通常为 2KB）时，openGauss 数据库会自动将该列的数据存储在 TOAST 表中，而不是直接存储在原始表中。

TOAST 的设计目的是优化存储和查询大型数据，以减少磁盘空间的占用和提高查询性能。TOAST 表会对数据进行压缩和分割，以便更有效地存储和检索。在查询时，openGauss 数据库会自动将 TOAST 表中的数据合并到查询结果中，使用户感觉不到数据存储的细节。

TOAST 技术在 openGauss 数据库中是透明的，用户无须显式操作 TOAST 表。openGauss 数据库会自动处理数据的存储和查询，用户可以方便地处理大型数据而不用担心性能和存储空间的问题。

openGauss 数据库的数据类型中只有像 varchar、text 之类的长度可变的数据类型才需要 TOAST，整数、浮点数等数据类型没有必要使用 TOAST。

每个表字段有如下 4 种 TOAST 策略。

- PLAIN：避免压缩和行外存储。只允许那些不需要 TOAST 策略就能存放的数据类型采用该策略，而对于 text 这类要求存储长度超过页大小的类型，是不允许采用该策略的。
- EXTENDED：允许压缩和行外存储。一般会先压缩，如果还是太大，就会行外存储。这是大多数可以 TOAST 的数据类型的默认策略。
- EXTERNAL：允许行外存储，但不许压缩。这让在 text 类型和 bytea 类型字段上的子串操作速度更快。类似字符串这种会对数据的一部分进行操作的字段，采用此策略可能获得更高的性能，因为不需要读取整行数据后再解压。
- MAIN：允许压缩，但不许行外存储。实际上，当数据行记录不能变得更小时，还是会行外存储的。

例如：

```
test=> \d+ t1
                    Table "test.t1"
 Column |  Type                   | Modifiers | Storage  | Stats target | Description
--------+-------------------------+-----------+----------+--------------+------------
    id  |                  integer|           |   plain  |              |
    sj  |             timestamp(0)|           |   plain  |              |
  demo  | character varying(20)|           | extended |              |
 demo2  |                     text|           | extended |              |
Has OIDs: no
Options: orientation=row, compression=no
```

可以手动修改字段的 TOAST 策略。例如：

```
test=> alter table t1 alter demo2 set storage external;
alter table
```

可以从系统表 pg_class 的 reltoastrelid 字段查询到 TOAST 表的 OID。例如，查看表 t1 对应的 TOAST 表的 OID：

```
test=> select pg_relation_filepath('t1');
 pg_relation_filepath
----------------------
 base/16397/24617
(1 row)
test=> select relname,relfilenode,reltoastrelid from pg_class where relfilenode=24617;
 relname | relfilenode | reltoastrelid
---------+-------------+---------------
      t1 |      24617 |         24621
(1 row)
```

可以看到表 t1 的 TOAST 表的 OID 为 24621。通过 pg_class 可以查询到 TOAST 表：

```
test=# select relname,relfilenode from pg_class where relfilenode=24621;
    relname     | relfilenode
----------------+-------------
 pg_toast_16404 |       24621
(1 row)
```

2.3.3 CSN

在 openGauss 数据库中，CSN（Commit Sequence Number，提交顺序号）被设计为一个全局自增的长整型数值，用于充当逻辑时间戳，可以看作数据库的内部时钟，类似 Oracle 数据库的 SCN（System Change Number，系统改变号）、SQL Server 的 LSN（Log Sequence Number，事务日志序列号）。

2.3.4 事务

事务是用户对数据库执行的一组操作，这些操作要么全执行，要么全不执行，是一个不可分割的工作单位。

事务具有 4 个特征——原子性（Atomicity）、一致性（Consistency）、隔离性（Isolation）和持久性（Durability），简称为事务的 ACID 特性。

- 原子性：一个事务里面包含的所有 SQL 语句都是一个整体，要么不做，要么都做。
- 一致性：事务开始时，数据库中的数据是一致的，事务结束时，数据库的数据也应该是一致的。
- 隔离性：数据库允许多个并发事务同时对其中的数据进行读写和修改。隔离性可以防止事务在并发执行时由于它们的操作命令交叉执行而导致的数据不一致。
- 持久性：当事务结束后，它对数据库的影响是永久的，即保证数据完整保存在数据库中。

事务的典型应用就是银行账户间的转账。假设 A、B 两个账户中的金额分别是 200 元、100 元。从 A 账户转 100 元到 B 账户。在转账操作成功前，A、B 账户的金额分别是 200 元、100 元；转账操作成功后，A、B 账户的金额分别是 100 元、200 元。这两种状态的账是正常的（一致的）。如果 A 账户的金额少了，而 B 账户的金额没有增加，或者 A 账户的金额没有减少，而 B 账户的金额增加，则账目出现问题，此时数据处于不一致状态。

openGauss 数据库启动事务的命令为 start transaction 或 begin transaction，提交事务的命令为 commit，回退事务（将所有操作回退到事务开始时的状态）的命令为 rollback。例如：

```
test=> start transaction;
start transaction
test=> select * from t4;
 id | demo
--------+---------
(0 rows)
test=> insert into t4 values(1,'a'),(2,'b');
```

```
insert 0 2
test=> select * from t4;
 id | demo
--------+---------
  1 |    a
  2 |    b
(2 rows)
test=> rollback;
rollback
test=> select * from t4;
 id | demo
--------+---------
(0 rows)
```

可以看到，执行 rollback 操作后，插入的两条记录被回退，表 t4 回到事务开始时的状态。

当 Oracle 数据库在执行 create、drop、truncate、alter 等 DDL（Data Definition Language，数据定义语言）操作时，会隐式执行提交（commit）操作，提交会话中的事务。

在 openGauss 数据库中，DDL 操作不会提交事务。openGauss 数据库还可以在事务中执行 DDL 操作，这些操作跟其他 DML（Data Manipulation Language，数据操纵语言）操作一样，可以提交，也可以回滚。例如：

```
test=> insert into t4 values(1,1),(2,2);
insert 0 2
test=> select * from t4;
 id | demo
--------+---------
  1 |    1
  2 |    2
(2 rows)
test=> start transaction;
start transaction
test=> truncate table t4;
truncate table
test=> select * from t4;
 id | demo
--------+---------
```

```
(0 rows)
test=> rollback;
rollback
test=> select * from t4;
 id | demo
--------+---------
  1 |    1
  2 |    2
(2 rows)
```

可以看到，在事务中对表 t4 执行 truncate 操作。执行 rollback 操作后，数据恢复到事务开始前的状态。

其他的操作与此相类似。

```
test=> start transaction;
start transaction
test=> select * from t4;
 id | demo
--------+---------
  1 |    1
  2 |    2
(2 rows)
test=> alter table t4 add t varchar(20);
alter table
test=> select * from t4;
 id | demo | t
--------+----------+-----
  1 |    1 |
  2 |    2 |
(2 rows)
test=> rollback;
rollback
test=> select * from t4;
 id | demo
-------+---------
  1 |    1
  2 |    2
```

```
(2 rows)
```

可以看到，也可以回退事务中为表 t4 增加的字段。

需要注意的是，虽然在事务中 DDL 操作和 DML 操作都可以提交、回退，但在 DDL 操作执行时，DDL 操作的数据对象会被锁定直到事务结束，这会导致其他会话访问这些数据对象时需要等待。在高并发访问的场景下这种操作会严重影响性能。因此，在事务中应该尽量避免对数据对象使用 DDL 操作。

此外，begin 语句也会开启一个事务。例如：

```
test=> begin
test$> insert into t4 values(3,3);
test$> rollback;
test$> insert into t4 values(4,4);
test$> commit;
test$> end;
test$> /
anonymous block execute
test=> select * from t4;
 id | demo
-------+---------
  1 |    1
  2 |    2
  4 |    4
(3 rows)
```

因为 openGauss 数据库默认是隐式提交的，所以 begin 语句开启的事务即使没有显式提交，最后执行完也是隐式提交的。例如：

```
test=> begin
test$> insert into t4 values(5,5);
test$> end;
test$> /
anonymous block execute
test=> select * from t4;
 id | demo
-------+---------
  1 |    1
  2 |    2
  4 |    4
```

```
  5 |     5
(4 rows)
```

2.3.5 XID

XID（Transaction ID，事务号）是事务的唯一标识符。

PostgreSQL 数据库的 XID 为 32 位，理论上只有 40 多亿（4 294 967 296）个事务号，在事务繁忙的系统中存在耗尽的风险。为此，PostgreSQL 采取了多项措施以减少 XID 的消耗。

openGauss 数据库的 XID 扩展到 64 位，从根本上解决了 XID 资源紧张的问题，为业务系统的稳定运行提供了有力的保证。

2.3.6 MVCC

MVCC（Multi Version Concurrency Control，多版本并发控制）为每个事务创建多个数据版本，每个版本对应一个特定时间的数据库状态，不同事务可以基于各自的时间点来进行读取和写入操作，互不干扰。MVCC 是保证数据库事务顺利执行的关键技术。在事务执行过程中，当数据发生变更（删除、更改）时，数据库会将变更前的“旧”数据记录进行保存，如果事务发起回退操作，就可以使用这些“旧”数据记录将数据回退到事务之前的一致性状态。而且在“新”数据提交前，其他会话仍然可以使用这些“旧”数据。

MVCC 的实现机制主要分为如下两种。

- 将“旧”数据单独存放到一个新存储空间中。Oracle、MySQL 等数据库采用的就是这种机制，这个新的存储空间称为 undo（回滚）空间。openGauss 数据库的 USTORE 存储引擎也采用了这种机制，base 目录下的 undo 目录就是用于存放 undo 数据的。
- 将“旧”数据标记为历史数据，在同一数据页面中重新创建一条新数据记录。这种方式实现起来较为简单，不需要将“旧”数据复制到其他存储空间等额外操作，执行效率很高。缺点是占用存储空间较多，如果数据变更（更新、删除）频繁，会导致数据文件急剧膨胀，需要及时清理“旧”数据。openGauss 数据库默认存储引擎 ASTORE 采用的就是这种机制。

2.3.7 VACUUM

采用追加更新（append update）方式的 MVCC 机制会导致存储空间被垃圾数据（过期的“旧”数据）占据。因此，需要对这些垃圾数据进行清理，以回收利用存储空间，这就是 vacuum 的功能。

开启 openGauss 数据库的参数 autovacuum 后，系统会自动清理。由于这个参数默认开启，因此通常不需要人工对表进行清理。如果表的数据量比较大，在进行大量数据删除或更改操作后，也可以手动清理。

直接手工执行清理的命令如下：

```
test=> vacuum t1;
vacuum
```

vacuum 操作只是清理垃圾数据，并不释放存储空间。如果想要释放存储空间，可以增加参数 full，但这样耗费时间较长，而且在清理期间会在表上加排他锁，建议在业务空闲期间执行。此外，由于使用 full 参数会导致统计信息丢失，因此在 vacuum full 语句中加上 analyze 关键字既能释放更多的存储空间，还能收集表的统计信息，让优化器生成的执行计划更精准、高效。

自动清理的参数较多，基本上保持默认值即可满足日常需求。其中参数 autovacuum_naptime 为设置两次自动清理操作的时间间隔，默认值为 10min，可以根据系统实际情况进行调整。因清理会产生较多的磁盘 I/O，建议不要设置太短的时间间隔。

执行 vacuum 后，我们会发现数据文件目录下会多出一些以“_fsm”和“_vm”为后缀的文件。这些文件都是用来管理数据文件存储空间的。

fsm 文件是空闲空间映射（free space map）文件，用来记录数据文件中空闲的页块。

vm 文件是可见性映射（visual map）文件，用来记录每个页面中的元组情况。vm 文件为每个数据块设置了一个标志位，用来标记数据块中是否存在需要清理的行。执行 vacuum 命令以扫描数据文件时，通过 vm 文件判断数据文件中是否有需要清理的数据记录，从而加快 vacuum 清理的速度。

2.3.8　WAL

数据库中的数据变更都是在内存中进行的，这些变更在写入磁盘上的数据文件之前如果遭遇服务器断电等意外事故，就会有数据丢失的风险。WAL 也称为 xlog，是指修改数据文件之前先将这些修改操作记录到日志文件，即在描述这些变化的日志记录刷新到永久存储器之后再修改数据文件。WAL 包含每个已执行事务的相关信息，当服务器崩溃时，数据库服务器可以通过重新执行 WAL 中的变更操作来恢复数据库。因此，WAL 也是 openGauss 数据库的事务日志，相当于 Oracle 数据库的 redo 日志。

WAL 文件默认存储在 pg_xlog 目录下。日志文件是以段文件的形式存储的，段文件每页 8KB。段文件的大小由参数 wal_segment_size 控制，默认值为 16MB。对 WAL 文件的命名说明如下：一个段文件的名称由 24 个十六进制字符组成，分为 3 部分，每部分由 8 个十六进制字符组成。第一部分表示时间线，第二部分表示日志文件标号，第三部分表示日志文件的段标号。时间线从 1 开始，日志文件标号和日志文件的段标号从 0 开始。

这些数字一般情况下是顺序增长使用的，但也存在循环使用的情况。

参数 wal_keep_segments 控制 pg_xlog 目录下 WAL 文件保留的最少个数，默认值为

16。检查点参数 checkpoint_segments 也会对 WAL 文件的保留个数产生影响。

WAL 写入进程会定期检查 WAL 缓冲区（WAL log buffer），将缓冲区中的 xlog 记录写入 WAL 段文件。WAL 写入文件的间隔时间可以通过参数 wal_writer_delay 进行配置，该参数默认值为 200ms。此外，事务的提交操作也会触发 WAL 写入进程。

WAL 的内容取决于记录事务的类型，在系统崩溃时可以利用 WAL 进行恢复。Oracle 数据库在实例启动时，会利用在线日志进行实例恢复。openGauss 数据库在默认配置下每次启动时也会先读取 WAL 进行实例恢复。

WAL 写入磁盘时采用的是顺序写的方式，这种方式的效率远高于数据文件的随机写，可以有效保护内存中未写入数据文件的数据。

2.3.9 检查点

检查点（checkpoint）是一个数据库事件。执行检查点时，会将之前的脏数据（发生变更的数据）写入磁盘。数据库发生故障需要恢复时，只须从检查点之后的数据块进行恢复即可，从而减少数据库崩溃的恢复时间。

检查点分两种——完全检查点和增量检查点。完全检查点（所有脏数据都写入磁盘）会产生大量的磁盘 I/O，很容易造成系统性能的波动。增量检查点会根据实际情况，每次只刷新一部分脏数据到磁盘，有效减少对系统性能的影响。

openGauss 数据库支持增量检查点，参数 enable_incremental_checkpoint 控制是否开启增量检查点。openGauss 数据库的企业版默认开启增量检查点，轻量版默认关闭，须手动开启。

系统管理员和运维管理员可以设置事务日志检查点。WAL 默认在事务日志中每隔一段时间放置一个检查点。可以使用 gs_guc 命令设置相关运行时参数（如 checkpoint_segments、checkpoint_timeout 和 incremental_checkpoint_timeout）来调整这个原子化检查点的间隔。

有关检查点的参数较多，对系统性能影响也非常大，修改时要慎重，基本上保留默认值即可。其中需要特别关注的参数如下。

1. checkpoint_timeout

checkpoint_timeout 表示设置自动 WAL 检查点之间的最长时间，默认值为 15min，一般不要设置太小的值。

2. checkpoint_segments

checkpoint_segments 表示自上一次检查点以来消耗的 WAL 段文件的数量，超过参数值后会触发检查点。默认值为 16。

3. incremental_checkpoint_timeout

incremental_checkpoint_timeout 表示增量检查点开关打开之后，设置自动 WAL 检查点之间的最长时间。默认值为 1min。

4. full_page_writes

full_page_writes 表示在一个检查点之后的页面的第一次修改期间将每个页面的全部内容写到 WAL 文件中。默认为开启。

磁盘的最小 I/O 单位为 1 个扇区（512B），大部分文件系统的 I/O 单位为 8 个扇区（4KB），即操作系统只能实现 4KB 的原子写。而 openGauss 数据库最小的读写单位是一个数据块 8KB（16 个扇区），因此，如果在写入磁盘过程中发生数据库实例意外中止运行，可能会出现一个数据块只有一个操作系统页面（4KB）的数据写入磁盘的情况。而 WAL 中通常只记录了数据的行级的变化，不足以完全恢复整个页面。因此，openGauss 数据库会在每个检查点之后，在每个页面第一次发生变更时，将整个页面及其首部元信息字段写入 WAL 中，完整的页面映像可以保证页面被正确恢复。但这也导致在开启 full_page_writes 后，WAL 文件大量增加，磁盘 I/O 增加，系统性能随之有所下降。因此，checkpoint_timeout 设置的时间间隔不能太短。

数据块与操作系统页面大小不一致导致的问题在数据库领域普遍存在，不同的数据库采取了不同的技术来防止数据块不一致的情况发生。例如，Oracle 数据库在热备份期间，为了防止备份的数据块不一致情况的发生，采用了将数据块的前镜像复制到日志文件中的办法。因此，热备份期间日志的产生量很大。在使用 RMAN 备份时，Oracle 数据库采用了反复读数据块的方法，以保证备份的数据块是一致的，避免日志文件剧增的情况发生。

5. enable_double_write

enable_double_write 表示双写开关。为避免数据页面写入数据文件失败导致数据文件损坏，openGauss 数据库在数据页面写入数据文件前先写入双写文件，然后从双写文件写入数据文件。该参数默认关闭。

检查点事件会触发写数据文件。而增量检查点执行频率非常高（默认每分钟执行一次），如果开启增量检查点后还使用 full_page_writes，产生的大量 WAL 文件会严重影响系统性能。所以，当开启增量检查点时，则关闭 full_page_writes，开启 enable_double_write。

openGauss 数据库的双写机制与 MySQL 数据库类似，所有数据页面在写入文件系统之前，首先写入双写文件，然后写入数据文件。为保证数据能快速写入磁盘，双写文件通常会以 O_SYNC 或 O_DIRECT 模式打开，从而绕过磁盘缓存，直接写入磁盘。另外，双写文件采用的是顺序写的方式，效率远高于随机写，可以把性能损耗降到最低。由于双写文件是重复使用的，因此不会占用过多的存储空间。在数据库恢复时，首先从双写文件中将可能存在问题的页面写入磁盘的页面以进行覆盖，然后通过 WAL 记录进行恢复。

Oracle 数据库没有双写机制，这得益于它的强大的块校验机制能够及时发现出现问题的数据块，并快速进行块恢复。

2.3.10 归档

归档是指将 WAL 文件复制到一个指定路径下进行保存。因为 WAL 文件会占用大量的磁盘空间，所以 WAL 文件并不是一直保存的，系统会根据设置的参数自动清理过期的 WAL 文件。在生产环境下，为了数据库的安全，通常会开启归档模式，WAL 文件写满后会发生切换操作，归档进程会将切换的日志复制到归档目录。当数据库发生故障需要使用备份进行恢复时，可以通过归档的 WAL 文件将数据库恢复到指定时刻的状态。

开启归档的步骤如下。

（1）创建归档日志保存目录。

```
[omm@bogon /]$ mkdir /openGauss/arch
```

（2）开启归档模式。

```
test=# alter system set archive_mode to on;
alter system set
```

注意，当 wal_level 设置成 minimal 时，WAL 文件仅记录从数据库服务器崩溃或者紧急关闭状态恢复时所需要的基本信息，无法用来恢复数据。因此，当 wal_level 设置为 archive、hot_standby（默认值）、logical 三者之一时，才能使用 archive_mode 参数。

（3）设置归档路径。

归档路径的设置参数为 archive_dest。例如：

```
test=# alter system set archive_dest='/openGauss/arch';
alter system set
```

也可以通过设置参数 archive_command 的方式来设置归档路径。例如：

```
test=# alter system set archive_command='cp %p /openGauss/arch/%f';
alter system set
```

其中，%p 表示包含完整路径信息的将要归档的 WAL 文件的文件名；%f 代表不包含路径信息的 WAL 文件的文件名。

archive_command 命令会将 WAL 文件复制到归档目录，然后自动清理不需要的 WAL 文件。

注意，如果设置了参数 archive_dest，则 archive_command 即使设置成功也不会生效。这样会让生成的 WAL 文件数量不断增加，导致存储空间爆满。这时可以手动清理，也可以使用清理归档日志的工具 pg_archivecleanup。

（4）重启数据库后归档参数生效。

重启数据库后使归档参数生效的命令如下：

```
[omm@bogon /]$ gs_ctl restart -D /openGauss/data
```

除了以上参数以外，还有如下两个归档参数。

参数一：rchive_timeout，表示归档周期。超过该参数设定的时间则强制切换 WAL

文件。

取值范围：0~INT_MAX，整型，单位为秒。其中，0 表示禁用该功能。

默认值：0。

由于强制切换而提早关闭的归档文件仍然与完整的归档文件长度相同，因此，将 archive_timeout 设为很小的值将导致占用较大的归档存储空间。如果需要开启此参数，建议将 archive_timeout 设置为大于 60s。

参数二：archive_interval，表示归档间隔时间。该参数表示 WAL 文件发生切换的时刻与开始归档的最大时间间隔。当数据库系统非常繁忙时，WAL 文件切换后，归档操作往往会延迟进行。如果延迟时间超过 archive_interval 参数设定的时间，数据库则强制进行归档。

取值范围：1~1000，整型，单位为秒。

默认值：1。

归档间隔时间设置较大会导致归档不及时，建议使用默认值。数据变更非常频繁的数据库磁盘 I/O 负荷较大，可以适当延迟归档。但考虑数据变更频繁会导致 WAL 文件数较多，为防止出现 WAL 未归档就被清理的问题发生，归档间隔时间增加的同时也可以将参数 wal_keep_segments（保留 WAL 文件最少数量）增大。

archive_timeout 和 archive_interval 的区别在于：后者只触发归档操作（将 WAL 文件中的内容写入归档日志文件），而前者触发不仅触发归档操作，而且在归档操作结束后会进行归档日志的切换。

开启归档后，pg_xlog 目录下的 archive_status 目录中会出现以 .ready 和 .done 为扩展名的文件。ready 表示该 WAL 文件已经写满，可以调用归档命令；done 表示该文件已完成归档。

手工切换 WAL 文件操作可以通过执行系统函数 pg_switch_xlog() 完成。执行该操作需要管理员权限。例如：

```
test=# select pg_switch_xlog();
 pg_switch_xlog
----------------
 2/3E3E6990
(1 row)
pg_switch_xlog))
```

函数的返回值为刚完成的事务日志文件的事务日志结束位置 +1。

2.3.11　表空间

openGauss 数据库的表空间只是一个目录，数据库初始化安装时会创建两个表空间——pg_default 和 pg_global。

pg_default 为默认表空间。如果新建数据库和用户没有指定表空间，则默认表空间为

pg_default。pg_default 类似于 Oracle 数据库的 user 表空间。

pg_global 为系统表空间，类似于 Oracle 数据库的 system、sysaux 表空间和 MySQL 数据库的 ibdata1。

如果用户自建的表空间使用了相对路径，则会将表空间（目录）创建在 pg_location 目录下。在 pg_tblspc 目录下可以看到自建表空间的链接文件。在创建数据库对象时，可以使用 tablespace 子句指明该对象所使用的表空间；若没有给出 tablespace 子句，则这些对象使用默认表空间。

例如：

```
test=# create tablespace tbs_test location '/openGauss/tbs_test';
create tablespace
test=# \db
           List of tablespaces
    Name    | Owner |      Location
------------+-------+---------------------
 pg_default |   omm |
  pg_global |   omm |
   tbs_test |   omm | /openGauss/tbs_test
(3 rows)
```

Oracle 数据库在创建用户时可以为用户指定默认表空间。openGauss 数据库与 Oracle 数据库不同，默认的表空间是由 default_tablespace 参数定义的。该参数指定了当一个 create 命令没有显式指定一个表空间时，创建对象（表和索引）的默认表空间。另外，openGauss 数据库的表空间隶属数据库，与用户无关（创建用户时指定 default tablespace 参数无实际意义）。

默认情况下，default_tablespace 参数的值是空字符串，即新创建的对象将使用数据库的默认表空间。系统默认表空间通常是 pg_default，它是一个用户级表空间，用于存储用户数据。

可以使用以下命令来查看当前数据库的默认表空间：

```
show default_tablespace;
```

如果需要为数据库设置不同的默认表空间，可以使用以下命令：

```
alter database dbname set default_tablespace = 'tablespace_name';
```

其中，dbname 是用户要设置的数据库的名称，tablespace_name 是要分配给该数据库的表空间的名称。

例如：

```
test=# alter database test set default_tablespace='tbs_test';
alter database
test=# create table t(id int);
```

```
create table
test=# \d t
       Table "public.t"
 Column |  Type   | Modifiers
--------+---------+-----------
     id | integer |
Tablespace: "tbs_test"
test=# select pg_relation_filepath('t');
                  pg_relation_filepath
--------------------------------------------------------
 pg_tblspc/33707/PG_9.2_201611171_opengauss/16397/33724
(1 row)
```

在使用过程中，需要注意如下事项。

- 如果指定的表空间不存在或者用户没有适当的权限，那么将使用默认的 pg_default 表空间。
- 用户自建的表空间之前必须先将表空间的文件目录创建好，而且不能创建在数据库数据目录 data 下，不能以 pg 开头（pg 开头的都是系统表和视图）。
- 删除表空间前需要先将表空间中的数据对象全部删除。
- 普通用户需要授权才能使用参数 default_tablespace 指定的默认表空间。
- 如果不使用系统的默认表空间 pg_default，建议在创建数据库时指定自建的表空间，这样方便授权（在该数据库下创建的用户无须授权即可使用该表空间）。

2.3.12　数据库

openGauss 数据库安装完成后会包含两个模板数据库 template0、template1，以及一个默认的用户数据库 postgres。模板数据库中没有用户表，可通过系统表 pg_database 查看模板数据库属性。模板数据库 template0 不允许用户连接，模板数据库 template1 只允许数据库初始用户和系统管理员连接，普通用户无法连接。

在一个 openGauss 数据库实例中可以创建多个数据库（最多 128 个），数据库之间在逻辑上是隔离的，客户端一次只能连接一个数据库，也不能在不同的数据库之间互相查询。这一点跟 Oracle 数据库的多租户数据库中的 pdb（pluggable database，可插拔数据库）有些类似，不同的是，Oracle 数据库的 pdb 可以单独启动、停止。

2.3.13　系统运行日志

在数据库运行过程中，除了 WAL 以外，还有用于数据库日常维护的运行和操作日志等。在数据库发生故障时，可以参考这些日志进行问题定位和数据库恢复操作。

1. 系统日志

系统日志是数据库系统进程运行时产生的日志，其中记录了系统进程的异常信息。如果 openGauss 数据库在运行时发生故障，则可以通过系统日志及时定位故障发生的原因，根据日志内容采取相应的措施。

数据库节点的运行日志存放在 pg_log 中各自对应的目录下，运行日志的命名规则为 postgresql- 创建时间 .log。

2. 操作日志

操作日志是指数据库管理员使用工具操作数据库时以及工具被 openGauss 数据库调用时产生的日志。如果 openGauss 数据库发生故障，则可以通过这些日志信息跟踪用户对数据库进行了哪些操作，重现故障场景。

操作日志默认存放在 $GAUSSLOG/bin 目录下。如果环境变量 $GAUSSLOG 不存在或者变量值为空，则工具日志信息不会记录到对应的工具日志文件中，日志信息只会打印到屏幕上。

3. 审计日志

审计日志的存储目录为 pg_audit。

4. 性能日志

性能日志主要关注外部资源的访问性能问题。性能日志指的是数据库系统在运行时检测物理资源的运行状态的日志。在出现性能问题时，可以借助性能日志及时定位问题发生的原因，帮助尽快解决问题。

性能日志保存在 gs_profile 目录中。

2.3.14 内存管理

内存资源的管理对数据库的性能影响非常大。openGauss 数据库的内存设置参数很多，这里介绍几个重要的参数。

1. max_process_memory

max_process_memory 表示数据库节点可用的最大物理内存，默认值为 12GB。官方推荐值如下：

max_process_memory= 物理内存 ×0.665/（1+ 主节点个数）

单机数据库可以直接设为物理内存的 70% ～ 80%。

注意，max_process_memory 参数值的单位为 KB。例如：

```
test=# show max_process_memory;
 max_process_memory
--------------------
 12GB
(1 row)
```

在系统视图 pg_settings 中可以查看相关参数信息：

```
test=# select name,setting,unit from pg_settings where name='max_process_
memory';
        name        | setting  | unit
--------------------+----------+------
 max_process_memory | 12582912 | KB
(1 row)
```

2. shared_buffers

shared_buffers 表示共享内存大小，类似于 Oracle 数据库实例的 SGA（System Global Area，系统全局区），建议设置为物理内存的 40%，如果 shared_buffers 较大，则还要考虑增加 checkpoint_segments。

注意，shared_buffers 的值显示的是分配的内存大小。设置该参数的值为内存页的大小。例如：

```
test=# show shared_buffers;
 shared_buffers
----------------
 64MB
(1 row)
```

在系统视图 pg_settings 中可以查看相关参数信息：

```
test=# select name,setting,unit from pg_settings where name='shared_
buffers';
      name      | setting | unit
----------------+---------+------
 shared_buffers |    8192 | 8KB
(1 row)
```

3. cstore_buffers

cstore_buffers 表示列存表所使用的共享缓冲区的大小。

shared_buffers 是供行存表使用的共享内存区域，而列存表使用 cstore_buffers 设置的共享缓冲区。因此，在列存表为主的场景中，应减小 shared_buffers，增大 cstore_buffers。

注意，cstore_buffers 的值显示的是分配的内存的大小。cstore_buffers 参数值的单位为 KB。例如：

```
test=# show cstore_buffers;
 cstore_buffers
----------------
 16MB
(1 row)
```

在系统视图 pg_settings 中可以查看相关参数信息：

```
test=# select name,setting,unit from pg_settings where name='cstore_
buffers';
      name       | setting | unit
-----------------+---------+------
 cstore_buffers  |   16384 | KB
(1 row)
```

4. wal_buffers

wal_buffers 表示用于存放 WAL 文件的共享内存空间大小。

事务提交时，WAL 缓冲区的内容都将写入 WAL 段文件。wal_buffers 设置为很大的值不会带来明显的性能提升，默认值可以满足大多数的情况。

注意，wal_buffers 的值显示的是分配的内存的大小。设置 wal_buffers 参数的值为数据页的大小。例如：

```
test=# show wal_buffers;
 wal_buffers
-------------
 32MB
(1 row)
```

在系统视图 pg_settings 中可以查看相关参数信息：

```
test=# select name,setting,unit from pg_settings where name='wal_
buffers';
    name     | setting | unit
-------------+---------+--------
 wal_buffers |    4096 | 8KB
(1 row)
```

5. work_mem

work_mem 表示内部排序操作和哈希表在开始写入临时磁盘文件之前使用的内存大小。order by、distinct 和 merge joins，以及哈希表在哈希连接、哈希为基础的聚集、哈希为基础的 in 子查询处理中都要用到 work_mem。该参数值的单位为 KB。例如：

```
test=# show work_mem;
 work_mem
----------
 128MB
(1 row)
```

在系统视图 pg_settings 中可以查看相关参数信息：

```
test=# select name,setting,unit from pg_settings where name='work_mem';
   name   | setting | unit
----------+---------+------
 work_mem |  131072 | KB
(1 row)
```

6. temp_buffers

temp_buffers 表示每个数据库会话使用的临时缓冲区的大小。

注意，设置 temp_buffers 参数的值为数据页的大小。例如：

```
test=# show temp_buffers;
 temp_buffers
--------------
 1MB
(1 row)
```

在系统视图 pg_settings 中可以查看相关参数信息：

```
test=# select name,setting,unit from pg_settings where name='temp_
buffers';
     name     | setting | unit
--------------+---------+------
 temp_buffers |     128 | 8KB
(1 row)
```

第3章 GUC参数

openGauss 数据库的可配置参数也被称为全局统一配置（Grand Unified Configuration，GUC）参数。

3.1 参数简介

openGauss 数据库安装完成后，会在数据目录下自动生成3个配置文件——postgresql.conf、pg_hba.conf 和 pg_ident.conf。openGauss 数据库的参数主要存放在这 3 个配置文件中。

3.1.1 参数类型

openGauss 数据库的参数分为如下 6 种。

- INTERNAL：固定参数，在创建数据库时确定，用户无法修改，但可以通过 show 命令或者 pg_settings 视图进行查看。
- POSTMASTER：数据库服务器参数，在数据库启动时确定。可以通过配置文件指定，也可以通过命令 gs_guc set、alter system set 进行修改。
- SIGHUP：数据库全局参数，在数据库启动时设置或者在数据库启动后通过发送命令重新加载。可以通过命令 gs_guc set、gs_guc reload、alter system set 进行修改，重启后生效。
- BACKEND：会话连接参数，可以通过命令 gs_guc set、gs_guc reload、alter system set 进行修改。设置该参数后，下一次建立会话连接时生效。
- SUSET：数据库管理员参数，管理员在数据库启动时、数据库启动后进行设置。通过命令 gs_guc set、gs_guc reload、alter database、alter user 进行修改。
- USERSET：普通用户参数，任何用户在任何时刻都可以设置。通过命令 gs_guc set、gs_guc reload、alter database、alter user 进行修改。

3.1.2 查看参数

查看参数的方法有如下两种。

1. 通过 show 命令查看参数

通过 show all 命令可以查看所有参数，也可以查看某个具体的参数，以查看其当前值。

例如，查看检查点执行间隔时间，可以使用如下命令：

```
test=# show checkpoint_timeout;
 checkpoint_timeout
--------------------
 15min
(1 row)
```

2. 通过系统视图 pg_settings 查看参数

系统视图 pg_settings 各字段含义如表 3-1 所示。

表 3-1 系统视图 pg_settings 各字段含义

名称	类型	描述
name	text	参数名称
setting	text	参数当前值
unit	text	参数的隐式结构
category	text	参数的逻辑组
short_desc	text	参数的简单描述
extra_desc	text	参数的详细描述
context	text	设置参数值的上下文，包括 internal、postmaster、sighup、backend、superuser、user
vartype	text	参数类型，包括 bool、enum、integer、real、string
source	text	参数的赋值方式
min_val	text	参数的最小值。如果参数类型不是数值，那么该字段值为 null
max_val	text	参数的最大值。如果参数类型不是数值，那么该字段值为 null
enumvals	text[]	enum 类型参数合法值。如果参数类型不是 enum，那么该字段值为 null
boot_val	text	数据库启动时参数的默认值，也是参数的原始值
reset_val	text	数据库重置时参数默认值
sourcefile	text	设置参数值的配置文件。如果参数不是通过配置文件赋值，那么该字段值为 null
sourceline	integer	设置参数值的配置文件的行号。如果参数不是通过配置文件赋值，那么该字段值为 null

例如，查看参数 checkpoint_timeout 的当前值、单位、最小值、最大值、默认值、参数类型等，可以使用如下命令：

```
test=# select setting,unit,min_val,max_val,boot_val,context from pg_settings where name='checkpoint_timeout';
```

```
 setting | unit | min_val | max_val | boot_val | context
---------+------+---------+---------+----------+---------
     900 |    s |      30 |    3600 |      900 | sighup
(1 row)
```

注意，show 命令显示的参数值和 pg_settings 中查询的参数值的单位有时会不一致。通过上面所举的 checkpoint_timeout 参数的例子可以看出：show 命令显示的参数值的单位是分钟（min），而 pg_settings 中查询的参数值的单位是秒（s），在修改参数值时要注意，设置的参数值要转换为 unit 字段指定的单位。

3.2 修改参数

openGauss 数据库提供了多种修改 GUC 参数的方法，可以针对数据库、用户、会话等级别进行设置。

3.2.1 注意事项

需要注意的事项如下。

- 参数名称不区分大小写。
- 参数取值有整型、浮点型、字符串、布尔型和枚举型 5 类。
- 布尔值可以是 on、off、true、false、yes、no 或者 1、0，且不区分英文大小写。
- 枚举类型的取值在系统表 pg_settings 的 enumvals 字段定义。
- 对于有单位的参数，在设置时应指定单位，否则将使用默认的单位。
- 参数值的单位在系统表 pg_settings 的 unit 字段定义。
- 内存单位有 KB、MB 和 GB。
- 时间单位有 ms、s、min、h（小时）和 d（天）。

3.2.2 参数设置方式

参数的设置方式有如下 4 种。

1. gs_guc set 方式

该方式适用的参数类型包括 POSTMASTER、SIGHUP、BACKEND、USERSET。

语法如下：

```
gs_guc set -D datadir -c "paraname=value"
```

> **说明**
>
> 如果参数是一个字符串变量，则使用 -c parameter="'value'" 或者 -c"parameter = 'value'"。

设置成功后，重启数据库（使用命令 gs_ctl restart -D datadir）生效。

例如，将检查点参数 checkpoint_timeout 的值修改为20min（1200s）：

```
[omm@bogon ~]$ gs_guc set -D /openGauss/data -c "checkpoint_timeout=1200"
The gs_guc run with the following arguments: [gs_guc -D /openGauss/data -c checkpoint_timeout=1200 set ].
expected instance path: [/openGauss/data/postgresql.conf]
gs_guc set: checkpoint_timeout=1200: [/openGauss/data/postgresql.conf]
Total instances: 1. Failed instances: 0.
Success to perform gs_guc!
```

修改成功，重启数据库：

```
[omm@bogon ~]$ gs_ctl restart -D /openGauss/data
```

使用 gsql 连接数据库，查看参数的当前值：

```
test=# show checkpoint_timeout;
 checkpoint_timeout
--------------------
 20min
(1 row)
```

可以看到，参数值已经从15min修改为20min。

2. gs_guc reload 方式

该方式适用的参数类型包括 SIGHUP、BACKEND、SUSET、USERSET。

语法如下：

```
gs_guc reload -D datadir -c "paraname=value"
```

例如，将检查点参数 checkpoint_timeout 的值设置为30min：

```
[omm@bogon ~]$ gs_guc reload -D /openGauss/data -c "checkpoint_timeout=1800"
The gs_guc run with the following arguments: [gs_guc -D /openGauss/data -c checkpoint_timeout=1800 reload ].
expected instance path: [/openGauss/data/postgresql.conf]
gs_guc reload: checkpoint_timeout=1800: [/openGauss/data/postgresql.conf]
server signaled
Total instances: 1. Failed instances: 0.
Success to perform gs_guc!
```

设置成功，进入数据库查看：

```
test=# show checkpoint_timeout;
 checkpoint_timeout
```

```
--------------------
 30min
(1 row)
```

3. 修改数据库、用户、会话 3 种级别参数的方式

该方式适用的参数类型包括 SUSET、USERSET。

设置数据库级别的参数的语法如下：

```
alter database dbname set paraname TO value;
```

修改成功后，相关设置在下次会话中生效。

例如，修改参数 work_mem 的值为 128MB（131 072KB）：

```
test=# alter database test set work_mem to 131072;
alter database
test=# \q
```

重新进入 gsql，查看参数的当前值：

```
[omm@bogon ~]$ gsql -d test
test=# show work_mem;
 work_mem
----------
 128MB
(1 row)
```

设置用户级别的参数的语法如下：

```
alter user username set paraname TO value;
```

修改成功后，相关设置在下次会话中生效。

例如，修改用户 test 的参数 work_mem 的值为 16MB（16 384KB）：

```
test=# alter user test set work_mem to 16384;
alter role
test=# show work_mem;
 work_mem
----------
 128MB
(1 row)
test=# \q
```

退出 gsql 后，以用户 test 连接数据库，查看参数的当前值：

```
[omm@bogon ~]$ gsql -d test -U test
test=> select user;
 current_user
```

```
--------------
 test
(1 row)
test=> show work_mem;
 work_mem
----------
 16MB
(1 row)
```

设置会话级别的参数的语法如下：

```
set paraname to value;
```

修改成功后，相关设置在本次会话中有效，退出会话后，设置失效。

例如，修改本次会话的参数 work_mem 的值为 16MB（16 384KB）：

```
test=# show work_mem;
 work_mem
----------
 64MB
(1 row)
test=# set work_mem to 16384;
set
test=# show work_mem;
 work_mem
----------
 16MB
(1 row)
```

4. alter system set 方式

该方式适用的参数类型包括 POSTMASERT、SIGHUP、BACKEND。

设置 POSTMASERT 级别的参数的语法如下：

```
alter system set paraname to value;
```

修改成功后，相关设置在重启后生效。

例如，将参数 wal_buffers 的值从 16MB 修改为 32MB：

```
test=# show wal_buffers;
 wal_buffers
-------------
 16MB
(1 row)
```

查看参数的当前值：

```
test=# select setting from pg_settings where name='wal_buffers';
 setting
---------
 2048
(1 row)
```

修改参数的值：

```
test=# alter system set wal_buffers to 4096;
NOTICE: please restart the database for the POSTMASTER level parameter to take effect.
alter system set
```

退出 gsql，重启数据库：

```
test=# \q
[omm@bogon ~]$ gs_ctl restart -D /openGauss/data
```

重新进入数据库，查看参数的当前值：

```
test=# show wal_buffers;
 wal_buffers
-------------
 32MB
(1 row)
```

设置 SIGHUP 级别的参数的语法如下：

```
alter system set paraname to value;
```

修改成功后相关设置立刻生效。

例如，修改检查点参数 checkpoint_timeout 的值为 20min：

```
test=# alter system set checkpoint_timeout to 1200;
alter system set
test=# show checkpoint_timeout;
 checkpoint_timeout
--------------------
 20min
(1 row)
```

设置 BACKEND 级别的参数的语法如下：

```
alter system set paraname to value;
```

修改成功后，相关设置在下次会话中生效。

例如，设置参数 post_auth_delay 的值为 10：

```
test=# show post_auth_delay;
 post_auth_delay
-----------------
 0
(1 row)
```

修改参数值：

```
test=# alter system set post_auth_delay to 10;
NOTICE: please reconnect the database for the BACKEND level parameter to take effect.
alter system set
```

系统提示：重新连接后，BACKEND参数生效。

查看参数的当前值：

```
test=# show post_auth_delay;
 post_auth_delay
-----------------
 0
(1 row)
```

可以看到，参数post_auth_delay的值在当前会话中没有变化。

退出当前会话：

```
test=# \q
```

通过gsql重新连接后进入数据库，查看参数的当前值：

```
test=# show post_auth_delay;
 post_auth_delay
-----------------
 10s
(1 row)
```

可以看到，参数值在新的连接会话中生效。

第4章 用户管理和审计

数据库用户是连接和使用数据库资源的账号。创建和管理用户是数据库管理员（Database Administrator，DBA）的重要职责。授予用户适当的权限、为用户分配合理的资源是保证数据库安全和正常运行的基本措施。

4.1 权限

openGauss 数据库的权限分为系统权限和数据库对象权限两种。

4.1.1 系统权限

系统权限又称为用户属性，具体包括如下几种。

- sysadmin：系统管理员，默认安装情况下具有与对象所有者相同的权限，但不包括 dbe_perf 模式（数据库性能监控的数据）的对象权限。
- createdb：用于创建数据库权限。
- createrole：安全管理员，具有创建、修改、删除用户或角色的权限。
- auditadmin：审计管理员，具有查看和删除审计日志的权限。
- monadmin：监控管理员，具有查看 dbe_perf 模式下视图和函数的权限，也可以对 dbe_perf 模式的对象权限进行授予或收回。
- opradmin：运维管理员。
- poladmin：安全策略管理员，具有创建资源标签、脱敏策略和统一审计策略的权限。
- login：用于登录数据库。

系统权限一般通过 create/alter role 语法来指定。其中，sysadmin 权限可以通过 grant/revoke all privilege 授予或撤销。但系统权限无法通过 role 和 user 的权限被继承，也无法授予 public。

在系统表 pg_authid 中可以查看用户（角色）被授予的系统权限。

4.1.2 数据库对象权限

openGauss 数据库默认只有数据库对象的所有者（owner）或者系统管理员可以查询、

修改和销毁数据库对象，也可以通过 grant 命令将对象的权限授予其他用户。

openGauss 数据库支持的权限如下。

- select：允许对指定的表、视图、序列执行 select 命令，执行 update 或 delete 命令时也需要有对应字段上的 select 权限。
- insert：允许对指定的表执行 insert 命令。
- update：允许对声明的表中的任意字段执行 update 命令。通常，update 命令也需要 select 权限来查询哪些行需要更新。select...for update 和 select...for share 等对数据加锁的操作除了需要 select 权限以外，还需要 update 权限。
- delete：允许执行 delete 命令以删除指定表中的数据。通常，delete 命令也需要 select 权限来查询哪些行需要删除。
- truncate：允许执行 truncate 语句对指定表执行截断操作。
- references：创建一个外键约束，必须拥有参考表和被参考表的 references 权限。
- create：对于数据库，允许在数据库中创建新的模式；对于模式，允许在模式中创建新的对象，如果要重命名一个对象，用户除了必须是该对象的所有者以外，还必须拥有该对象所在模式的 create 权限；对于表空间，允许在表空间中创建表，允许在创建数据库和模式时把该表空间指定为默认表空间。
- connect：允许用户连接到指定的数据库。
- execute：允许使用指定的函数，以及利用这些函数实现的操作符。
- usage：对于过程语言，允许用户在创建函数时指定过程语言；对于模式，允许访问指定模式，如果要访问模式中的对象还须再授权；对于序列，允许使用 nextval 函数；对于 data source 对象，usage 是指访问权限，也是可赋予的所有权限，即 usage 与 all privileges 等价。
- alter：允许用户修改指定对象的属性，但不包括修改对象的所有者和修改对象所在的模式。
- drop：允许用户删除指定的对象。
- comment：允许用户定义或修改指定对象的注释。
- index：允许用户在指定表上创建索引，并管理指定表上的索引，还允许用户对指定表执行 reindex 和 cluster 操作。
- vacuum：允许用户对指定的表执行 analyze 和 vacuum 操作。
- all privileges：一次性给指定用户/角色赋予所有可赋予的权限。只有系统管理员有权授予其他用户 all privileges 权限。

数据表是数据库中最重要的数据对象。在系统模式 information_schema 的系统视图 role_table_grants 中可以查看用户被授予了其他模式或其他用户下数据表的权限。

4.2　用户管理

数据库用户分管理员和普通用户两种。管理员权限是用来管理数据库的，普通用户不需要也不应该被授予管理员权限。

4.2.1　管理员

openGauss 数据库的管理员有多种类型，分别用于不同的场景。

1. 初始用户

数据库安装过程中自动生成的账户称为初始用户。初始用户拥有系统的最高权限，能够执行所有的数据库操作。如果安装时不指定初始用户名称，则该账户与进行数据库安装的操作系统用户同名（在本章使用的环境中初始用户为 omm）。如果在安装时不指定初始用户的密码，安装完成后密码为空，在执行其他操作前需要通过 gsql 程序修改初始用户的密码。

初始用户是超级用户，会绕过所有权限检查。因此，初始用户仅能用于数据库管理，而非业务应用。

2. 系统管理员

系统管理员是指具有 sysadmin 属性的账户，默认安装情况下具有与对象所有者相同的权限。

如果要创建新的系统管理员，需要以初始用户或者系统管理员用户身份连接数据库，并使用带 sysadmin 参数的 create user 语句或 alter user 语句进行设置。例如：

```
create user xxxxx with sysadmin password 'xxxxxxxx';
```

或将已创建好的用户设置为系统管理员：

```
alter user xxxxx sysadmin;
```

也可以通过授予用户 all privileges 权限将其设置为系统管理员：

```
grant all privileges to xxxxx;
```

取消用户的系统管理员身份的操作：

```
alter user xxxxx nosysadmin;
```

或者直接收回 all privileges 权限：

```
revoke all privileges from xxxxx;
```

3. 安全管理员

安全管理员是指具有 createrole 属性的账户，具有创建、修改、删除用户或角色的权限。如果要创建新的安全管理员，当关闭三权分立时，需要以系统管理员或者安全管理员身份连接数据库；当打开三权分立时，需要以安全管理员身份连接数据库，并使用带 createrole 参数的 create user 语句或 alter user 语句进行设置。例如：

```
create user xxxxx with createrole password 'xxxxxxxx';
```

或者将已创建好的用户设置为安全管理员：

```
alter user xxxxx createrole;
```

取消用户的安全管理员身份的操作：

```
aler user xxxxx nocreaterole;
```

4. 审计管理员

审计管理员是指具有auditadmin属性的账户，具有查看和删除审计日志的权限。如果要创建新的审计管理员，当关闭三权分立时，需要以系统管理员或者安全管理员身份连接数据库；当打开三权分立时，需要以安全管理员身份连接数据库，并使用带auditadmin参数的create user语句或alter user语句进行设置。例如：

```
create user xxxxx with auditadmin password 'xxxxxxxx';
```

或者将已创建好的用户设置为审计管理员：

```
alter user xxxxx auditadmin;
```

取消用户的审计管理员身份的操作：

```
alter user xxxxx noauditadmin;
```

5. 监控管理员

监控管理员是指具有monadmin属性的账户，具有查看dbe_perf模式（该模式主要存放的是系统性能视图）中的视图和函数的权限，也可以对dbe_perf模式的对象权限进行授予或收回。

如果要创建新的监控管理员，需要以系统管理员身份连接数据库，并使用带monadmin参数的create user语句或alter user语句进行设置。例如：

```
create user xxxxx with monadmin password 'xxxxxxxx';
```

或者将已创建好的用户设置为监控管理员：

```
alter user xxxxx monadmin;
```

取消用户的监控管理员身份的操作：

```
alter user xxxxx nomonadmin;
```

6. 运维管理员

运维管理员是指具有opradmin属性的账户。

如果要创建新的运维管理员，需要以初始用户身份连接数据库，并使用带opradmin参数的create user语句或alter user语句进行设置。例如：

```
create user xxxxx with opradmin password 'xxxxxxxx';
```

或者将已创建好的用户设置为运维管理员：

```
alter user xxxxx opradmin;
```

取消用户的运维管理员身份的操作：

```
alter user xxxxx noopradmin;
```

7. 安全策略管理员

安全策略管理员是指具有 poladmin 属性的账户，具有创建资源标签、脱敏策略和统一审计策略的权限。

如果要创建新的安全策略管理员，需要以系统管理员用户身份连接数据库，并使用带 poladmin 参数的 create user 语句或 alter user 语句进行设置。例如：

```
create user xxxxx with poladmin password 'xxxxxxxx';
```

或者将已创建好的用户设置为安全策略管理员：

```
alter user xxxxx poladmin;
```

取消用户的安全策略管理员身份的操作：

```
alter user xxxxx nopoladmin;
```

4.2.2 三权分立

三权分立是目前数据库领域普遍采用的安全机制，其实质就是将管理员权限分成多个角色，防范系统管理员拥有过度集中的权力带来的高风险。

默认情况下，openGauss 数据库未开启三权分立，此时数据库系统管理员具有与对象所有者相同的权限。

设置三权分立后，系统管理员的部分权限分给安全管理员和审计管理员，形成系统管理员、安全管理员和审计管理员三权分立。系统管理员将不再具有 createrole 属性（安全管理员）和 auditadmin 属性（审计管理员）。创建用户和角色的职责由安全管理员负责，维护和查看数据库审计日志的职责由审计管理员负责。

此外，设置三权分立后，系统管理员只对自己作为所有者的对象有权限。

三权分立的设置方法：将参数 enableSeparationOfDuty 设置为 on。

注意，初始用户 omm 作为超级用户，其权限不受三权分立的设置影响，仍然拥有最高的权限。

4.2.3 用户

openGauss 数据库实例可以包含多个数据库，数据库用户和角色属于整个数据库实例。数据库用户可以连接实例中的所有数据库，但任何连接都只能访问一个数据库。

注意，能连接数据库不等于可以访问数据库中的对象，访问和创建数据库对象需要有相应的权限。

未设置三权分立时，系统管理员和拥有 createrole 属性的安全管理员有创建和删除用户的权限。设置三权分立后，用户账户只能由初始用户和安全管理员创建、删除。

用户可以拥有数据库和数据库对象，并且可以向其他用户和角色授予对这些对象的访问权限。除了系统管理员以外，具有 createdb 属性的用户也可以创建数据库并将这些数据库的访问权限授予其他用户。

向用户授权的方式有如下两种。

- 使用 grant 命令给用户直接授予某对象的权限。例如：

```
grant select on schemaname.tablename to username;
```

- 给用户指定角色，使用户继承角色所拥有的对象权限。例如：

```
grant rolename to username;
```

1. 创建用户

创建用户的语法如下：

```
create user [if not exists] user_name [ [ with ] option [ … ] ] [ encrypted | unencrypted ] { password | identified by } { 'password' [expired] | disable };
```

其中，option 子句用于设置权限及属性等信息。具体参数如下：

```
{sysadmin | nosysadmin}
| {monadmin | nomonadmin}
| {opradmin | noopradmin}
| {poladmin | nopoladmin}
| {auditadmin | noauditadmin}
| {createdb | nocreatedb}
| {useft | nouseft}
| {createrole | nocreaterole}
| {inherit | noinherit}
| {login | nologin}
| {replication | noreplication}
| {independent | noindependent}
| {vcadmin | novcadmin}
| {persistence | nopersistence}
| connection limit connlimit
| valid begin 'timestamp'
| valid until 'timestamp'
| resource pool 'respool'
| user group 'groupuser'
| perm space 'spacelimit'
| temp space 'tmpspacelimit'
| spill space 'spillspacelimit'
| node group logic_cluster_name
| in role role_name [, …]
```

```
| in group role_name [, …]
| role role_name [, …]
| admin role_name [, …]
| user role_name [, …]
| sysid uid
| default tablespace tablespace_name
| profile default
| profile profile_name
| pguser
```

部分参数说明如下。

password：登录密码。密码默认规则如下。

- 密码长度不少于 8 个字符。
- 不能与用户名及用户名倒序相同。
- 至少包含大写英文字母（A~Z）、小写英文字母（a~z）、数字（0~9）、非字母数字字符（限定为 ~、!、@、#、$、%、^、&、*、(、)、-、_、=、+、\、|、[、{、}、]、;、:、,、<、.、>、/、?）4 类字符中的 3 类字符。
- 创建用户时，应当使用双引号或单引号将用户密码括起来。

expired：密码失效用户。在创建用户时可指定 expired 参数，即创建密码失效用户，该用户不允许执行简单查询和扩展查询。只有在修改自身密码后才可正常执行语句。

disable：禁用用户的密码。默认情况下，用户可以更改自己的密码，除非密码被禁用。要禁用用户的密码，应指定 disable 参数。禁用某个用户的密码后，将从系统中删除该密码，此类用户只能通过外部认证来连接数据库，例如 kerberos 认证。只有管理员才能启用或禁用密码。普通用户不能禁用初始用户的密码。要启用密码，可以运行 alter user 命令指定密码。

encrypted | unencrypted：控制存储在系统表里的密码是否加密。按照产品安全要求，密码必须加密存储，所以，unencrypted 在 openGauss 数据库中禁止使用。因为系统无法对指定的加密密码字符串进行解密，所以，如果目前的密码字符串符合 SHA-256 加密的格式，则会继续照此存放，而不管是否声明了 encrypted 或 unencrypted。这样就允许在 dump/restore 时重新加载加密的密码。

sysadmin | nosysadmin：决定一个新角色是否为系统管理员。具有 sysadmin 属性的角色拥有系统最高权限。默认为 nosysadmin。

monadmin | nomonadmin：定义角色是不是监控管理员。默认为 nomonadmin。

opradmin | noopradmin：定义角色是不是运维管理员。默认为 noopradmin。

poladmin | nopoladmin：定义角色是不是安全策略管理员。默认为 nopoladmin。

auditadmin | noauditadmin：定义角色是否有审计管理属性。默认为 noauditadmin。

createdb | nocreatedb：决定一个新角色能否创建数据库。默认为 nocreatedb。

useft | nouseft：该参数为保留参数，暂未启用。

createrole | nocreaterole：决定一个角色是否可以创建新角色（也就是执行 create role 和 create user）。一个拥有 createrole 属性的角色也可以修改和删除其他角色。默认为 nocreaterole。

inherit | noinherit：决定一个角色是否“继承”它所在组的角色的权限。不推荐使用。

login | nologin：决定一个角色是否可以登录数据库。具有 login 属性的角色才可以登录数据库。一个拥有 login 属性的角色可以认为是一个用户。默认为 nologin。

replication | noreplication：定义角色是否允许流复制或设置系统为备份模式。replication 属性是特定的角色，仅用于复制。默认为 noreplication。

independent | noindependent：定义私有、独立的角色。

vcadmin | novcadmin：无实际意义。

persistence | nopersistence：定义永久用户。仅允许初始用户创建、修改和删除具有 persistence 属性的永久用户。

connection limit：声明该角色可以使用的并发连接数量。取值范围：整数，>=-1，默认值为 -1，表示没有限制。拥有管理员权限的用户不受此参数限制。

valid begin：设置角色生效的时间戳。如果省略该子句，则角色无有效开始时间限制。

valid until：设置角色失效的时间戳。如果省略该子句，则角色无有效结束时间限制。

resource pool：设置角色使用的 resource pool 名称，该名称属于系统表 pg_resource_pool。

user group：创建一个 user 的子用户。暂不支持。

perm space：设置用户使用空间的大小。

temp space：设置用户临时表存储空间限额。

spill space：设置用户算子落盘空间限额。

node group：设置用户关联的逻辑集群名称。当前版本暂不支持。

in role：新角色立即拥有 in role 子句中列出的一个或多个现有角色拥有的权限。不推荐使用。

in group：in role 过时的拼法。不推荐使用。

role：列出一个或多个现有的角色，它们将自动添加为这个新角色的成员，拥有新角色所有的权限。

admin：类似 role 子句，不同的是，admin 后的角色可以把新角色的权限赋给其他角色。

user：role 子句过时的拼法。

sysid：无实际意义，将被忽略。

default tablespace：无实际意义，将被忽略。

profile：无实际意义，将被忽略。

pguser：没有实际意义，仅为了语法的前向兼容而保留。

使用说明如下。

- 通过 create user 创建的用户默认具有 login 权限。
- 通过 create user 创建用户的同时，系统会在执行该命令的数据库中为该用户创建一个同名的 schema。
- 系统管理员在普通用户同名 schema 下创建的对象，所有者为 schema 的同名用户（非系统管理员）。
- 如果 schema 的所有者与 schema 不同名，系统管理员在这个 schema 下创建的数据对象的所有者为系统管理员（创建者）。

2. 删除用户

删除用户的同时会删除同名的 schema。

在数据库中删除用户时，如果依赖用户的对象在其他数据库中或者依赖用户的对象是其他数据库，用户应先手动删除其他数据库中的依赖对象或直接删除依赖数据库，再删除用户。即 drop user 不支持跨数据库进行级联删除。

删除用户的语法如下：

```
drop user [ if exists ] user_name [, …] [ cascade | restrict ];
```

主要参数说明如下。

- cascade：级联删除依赖用户的对象。
- restrict：默认参数。如果用户还有任何依赖的对象，则拒绝删除该用户。

3. 修改用户

修改用户的权限等信息：

```
alter user [if exists] user_name [ [ with ] option [ … ] ];
```

修改用户名称：

```
alter user user_name rename to new_name;
```

注意，用户名称改变后，其同名的 schema 名称也随之改变。

锁定或解锁用户：

```
alter user user_name account { lock | unlock };
```

设置用户密码有效期：

```
alter user user_name with valid until 密码截止日期；
```

系统视图 pg_user 中的 valuntil 字段、pg_roles 中的 rolvaliduntil 字段，以及系统表 pg_authid 中的 rolvaliduntil 字段均可以查询到用户的密码有效期。infinity 或空（null）表示密码用户过期，默认为空。

例如，将 test 用户密码的有效截止日期设置为 2024 年 5 月 1 日：

```
test=# alter user test with valid until '2024-5-1';
```

```
alter role
test=# select usename,valuntil from pg_user where usename='test';
 usename |         valuntil
----------------+----------------------------
    test | 2024-05-01 00:00:00+08
(1 row)
```

将test用户的密码设置为永不过期：

```
test=# alter user test with valid until 'infinity';
alter role
test=# select usename,valuntil from pg_user where usename='test';
 usename | valuntil
----------------+----------------
    test | infinity
(1 row)
```

修改与用户关联的指定会话参数值：

```
alter user user_name set configuration_parameter { { to | = } { value | default } | from current };
```

重置与用户关联的指定会话参数值：

```
alter user user_name reset { configuration_parameter | all };
```

4. 私有用户

在未设置三权分立的情况下，管理员对其他用户的数据对象拥有全部权限。而在设置三权分立的情况下，管理员对其他用户放在属于各自模式下的表既无访问（如insert、delete、update、select、copy）权限，也无控制（如drop、alter、truncate）权限。openGauss数据库的私有用户功能则实现了在非三权分立模式下访问权限和控制权限的分离。

针对私有用户的数据对象，系统管理员和拥有createrole属性的安全管理员在未经其授权前，可以进行drop、alter、truncate等控制操作，但无权进行insert、delete、select、update、copy、grant、revoke、alter owner操作。

在未设置三权分立的情况下，创建具有independent属性的私有用户的语法如下：

```
create user user_independent with independent identified by "XXXXXXXX";
```

管理员对私有用户进行控制的规则如下。

- 未经independent角色授权，系统管理员无权对其表对象进行增加、删除、查询、修改、复制、授权操作。
- 若将私有用户表的相关权限授予其他非私有用户，系统管理员也会获得同样的权限。

- 未经 independent 角色授权，系统管理员和拥有 createrole 属性的安全管理员无权修改 independent 角色的继承关系。
- 系统管理员无权修改 independent 角色的表对象的属性。
- 系统管理员和拥有 createrole 属性的安全管理员无权去除 independent 角色的 independent 属性。
- 系统管理员和拥有 createrole 属性的安全管理员无权修改 independent 角色的数据库密码，independent 角色密码丢失后无法重置。
- 管理员属性用户不允许定义、修改为 independent 属性。

5. 永久用户

openGauss 数据库提供永久用户方案，即创建具有 persistence 属性的永久用户。只有初始用户有权限创建、修改和删除具有 persistence 属性的永久用户。

创建永久用户的语法如下：

```
create user user_persistence with persistence identified by "XXXXXXXX";
```

4.2.4 角色

角色是一组权限的集合。openGauss 数据库的用户和角色没有本质区别，角色可以看作是没有登录（login）属性的用户，而用户就是可以登录数据库的角色，可以直接把用户当作角色来使用。

使用角色可以进行高效的权限分配和管理。通过 grant 命令把角色授予用户后，用户即具有了角色的所有权限。在角色级别授予或撤销权限时，这些更改将作用到角色下的所有成员。

openGauss 数据库提供了一个隐式定义的拥有所有角色的组 public，所有创建的用户和角色默认拥有 public 所拥有的权限。要撤销或重新授予用户和角色对 public 的权限，可通过在 grant 和 revoke 命令中指定关键字 public 来实现。

在系统表 pg_roles 中可以查看所有角色的信息。

openGauss 数据库提供了一组内置角色，以 gs_role_ 为前缀进行命名。它们提供对特定的、通常需要高权限的操作的访问，可以将这些角色授权给数据库内的其他用户或角色，让这些用户能够使用特定的功能。在授予这些角色时应当非常小心，以确保它们被用在需要的地方。内置角色如表 4-1 所示。

表 4-1 内置角色

角色	权限描述
gs_role_copy_files	具有执行 copy...to/from filename 的权限，但需要先打开 GUC 参数 enable_copy_server_files
gs_role_signal_backend	具有调用函数 pg_cancel_backend、pg_terminate_backend 和 pg_terminate_session 来取消或终止其他会话的权限，但不能操作属于初始用户和 persistence 用户的会话

续表

角色	权限描述
gs_role_tablespace	具有创建表空间（tablespace）的权限
gs_role_replication	具有调用逻辑复制相关函数的权限
gs_role_account_lock	具有加解锁用户的权限，但不能加解锁初始用户和 persistence 用户
gs_role_pldebugger	具有执行 dbe_pldebugger 下调试函数的权限
gs_role_directory_create	具有执行创建 directory 对象的权限，但需要先打开 GUC 参数 enable_access_server_directory
gs_role_directory_drop	具有执行删除 directory 对象的权限，但需要先打开 GUC 参数 enable_access_server_directory

关于内置角色的管理有如下约束。

- 以 gs_role_ 为前缀的角色名作为数据库的内置角色保留名，禁止新建以 gs_role_ 为前缀的用户/角色，也禁止将已有的用户/角色重命名为以 gs_role_ 为前缀。
- 禁止对内置角色进行 alter 和 drop 操作。
- 内置角色默认没有 login 权限，不设预置密码。
- gsql 的元命令 \du 和 \dg 不显示内置角色的相关信息，但当显式指定了 pattern 为特定内置角色时则会显示。
- 当关闭三权分立时，初始用户、具有 sysadmin 权限的用户和具有内置角色 admin option 权限的用户有权对内置角色执行 grant/revoke 管理。当打开三权分立时，sysadmin 无权对内置角色执行 grant/revoke 管理。

在系统视图 pg_roles 中可以查看角色被授予的权限。

4.2.5　模式

schema 又称作模式。通过管理 schema 可以允许多个用户使用同一数据库而互不干扰，可以将数据库对象组织成易于管理的逻辑组，同时便于将第三方应用添加到相应的 schema 下而不引起冲突。

数据库可以包含一个或多个 schema。数据库中的每个 schema 包含表和其他类型的对象。数据库创建初始，默认具有一个名为 public 的 schema，但普通用户在默认情况下都没有 public 的 usage 权限（这一点与 PostgreSQL 数据库不同）。schema 类似于文件系统中的目录，可以通过 schema 对数据库对象进行分组管理，但 schema 不能嵌套。默认只有初始化用户可以在 pg_catalog 模式下创建对象。

相同的数据库对象名称可以应用在同一数据库的不同 schema 中。具有权限的用户可以访问数据库的多个 schema 中的对象。

在通过 create user 命令创建用户的同时，系统会在执行该命令的数据库中为该用户创建一个同名的 schema。

如果要单独创建 schema，需要使用 create schema 命令。默认初始用户和系统管理员可以创建 schema，其他用户需要具备数据库的 create 权限才可以在该数据库中创建 schema，赋权方式可参考 grant 命令将数据库的访问权限赋予指定的用户或角色的语法。

若更改 schema 名称或者所有者，可使用 alter schema 命令。schema 所有者可以更改 schema。

修改模式名称的操作：

```
alter schema schema_name rename to new_name;
```

修改模式所有者的操作：

```
alter schema schema_name owner to new_owner;
```

若删除 schema 及其对象，则可以使用 drop schema 命令。schema 所有者可以删除 schema。

若在 schema 内创建表，则需要以 schema_name.table_name 格式创建表。当不指定 schema_name 时，对象默认创建到搜索路径（search_path）的第一个 schema 中。

若查看 schema 所有者，则需要对系统表 pg_namespace 和 pg_user 进行关联查询：

```
select s.nspname,u.usename as nspowner from pg_namespace s, pg_user u
where s.nspowner = u.usesysid;
```

若查看所有 schema 的列表，可以查询系统表 pg_namespace。

若查看属于某 schema 下的表，可以查询系统视图 pg_tables。

schema 的使用权限较为复杂，下面通过两个示例进行说明。

示例 1：假设创建了用户 u1、u2，如果 u1 想要访问 u2 模式下的某个数据对象，则需要为其赋予相应的权限。如果想要让 u1 使用 u2 模式下的全部权限，则可以直接赋权：

```
grant u2 to u1;
```

这样 u1 就可以在 u2 模式下拥有全部数据对象的权限。但 u1 在 u2 模式下创建的所有数据对象的拥有者仍然是 u2。

示例 2：假设创建了模式 u，如果想让用户 u1、u2 在模式 u 下创建数据对象，则需要为其赋予 usage、create 权限：

```
grant usage on schema u to u1,u2;
grant create on schema u to u1,u2;
```

此时，u1、u2 就可以在模式 u 下创建自己的数据对象了。但 u1 和 u2 在模式 u 下只能访问自己创建的数据对象。

在本示例中，因为之前执行过 grant u2 to u1 命令，所以，u1 可以访问 u2 在模式 u 下的数据对象，但 u2 不能访问 u1 的数据对象。

注意，用户在其他用户的模式下创建数据库对象的做法容易导致权限混乱，不利于管理，应该尽量避免这种做法。

4.3 审计

openGauss 数据库开启审计功能后会将用户对数据库的所有操作写入审计日志。数据库安全管理员可以利用这些日志信息重现数据库的一系列事件，从而实现对数据库用户操作行为的监控。

4.3.1 审计开关参数

与审计开关相关的参数如下。

- audit_enabled：审计总开关，默认值为 on，支持动态加载，修改后立即生效，无须重启数据库。
- audit_login_logout：用户登录、注销审计，默认值为 7，表示开启用户登录、退出的审计功能。设置为 0，表示关闭用户登录、退出的审计功能。不推荐设置除了 0 和 7 以外的值。
- audit_database_process：数据库启动、停止、恢复和切换审计，默认值为 1，表示开启数据库启动、停止、恢复和切换的审计功能。
- audit_user_locked：用户锁定和解锁审计，默认值为 1，表示开启审计用户锁定和解锁功能。
- audit_user_violation：用户访问越权审计，默认值为 0，表示关闭用户越权操作审计功能。
- audit_grant_revoke：授权和回收权限审计，默认值为 1，表示开启审计用户权限授予和回收功能。
- full_audit_users：对用户操作进行全量审计，默认值为空字符串，表示采用默认配置，未配置全量审计用户。
- no_audit_client：不需要审计的客户端名称及 IP 地址，默认值为空字符串，表示采用默认配置，未将客户端及 IP 加入审计黑名单。
- audit_system_object：数据库对象的 create、alter、drop 操作审计，默认值为 67、121、159，表示只对 database、schema、user、data source 这 4 类数据库对象的 create、alter、drop 操作进行审计。
- audit_dml_state：具体表的 insert、update 和 delete 操作审计，默认值为 0，表示关闭具体表的 dml 操作（select 除外）审计功能。
- audit_dml_state_select：select 操作审计，默认值为 0，表示关闭 select 操作审计功能。
- audit_copy_exec：copy 审计，默认值为 1，表示开启 copy 操作审计功能。
- audit_function_exec：存储过程和自定义函数的执行审计，默认值为 0，表示不记录存储过程和自定义函数的执行审计日志。

- audit_system_function_exec：执行白名单内的系统函数审计，默认值为0，表示不记录执行系统函数的审计日志。
- audit_set_parameter：SET 审计，默认值为0，表示关闭 SET 审计功能。
- audit_xid_info：事务 ID 记录，默认值为0，表示关闭审计日志记录事务 ID 功能。

所有审计参数开关都支持动态加载，修改后即生效，无须重启数据库。

4.3.2 查看审计日志

拥有 auditadmin 属性的用户可以查看审计记录。

审计日志的查询命令如下：

```
pg_query_audit(timestamptz starttime,timestamptz endtime,audit_log)
```

其中，pg_query_audit 函数是 openGauss 数据库提供的审计日志查询工具，参数 startime 和 endtime 分别表示审计记录的开始时间和结束时间。audit_log 表示所查看的审计日志信息所在的物理文件路径，当不指定 audit_log 时，默认查看连接当前实例的审计日志信息。例如：

```
select pg_query_audit('2023-6-16 11:20','2023-6-16 16:40');
```

4.3.3 审计日志维护

与审计日志相关的配置参数如下。

- audit_directory：审计文件的存储目录，默认为 pg_audit。
- audit_resource_policy：审计日志的保存策略，默认值为 on（表示使用空间配置策略）。
- audit_space_limit：审计文件占用的磁盘空间总量，默认值为1GB。
- audit_file_remain_time：审计日志文件的最小保存时间，默认值为 90 天。
- audit_file_remain_threshold：审计目录下审计文件的最大数量，默认值为 1 048 576。

审计日志的删除命令如下：

```
pg_delete_audit(timestamp startime,timestamp endtime)
```

其中，参数 startime 和 endtime 分别表示审计记录的开始时间和结束时间。

第 5 章 数据类型

openGauss 数据库提供丰富的数据类型，可以满足各种应用场景。

5.1 数值类型

数值类型分为整数类型、任意精度类型、序列整数类型和浮点类型 4 种。

1. 整数类型

整数类型如表 5-1 所示。

表 5-1 整数类型

名称	描述	存储空间 /B	取值范围
tinyint	微整数，别名为 int1	1	0 ~ 255
smallint	小范围整数，别名为 int2	2	–32 768 ~ +32 767
integer	常用的整数，别名为 int4、binary_integer	4	–2 147 483 648 ~ +2 147 483 647
bigint	大范围的整数，别名为 int8	8	–9 223 372 036 854 775 808 ~ +9 223 372 036 854 775 807
int16	16B 的大范围整数，目前不支持用户用于建表等	16	—

2. 任意精度类型

任意精度类型包括 numeric[(p[, s])] 和 decimal[(p[, s])]，其中，精度 p 的取值范围为 [1, 1000]，标度 s 的取值范围为 [0, p]。p 为总位数，s 为小数位数。用户声明精度。每 4 位（十进制位）占用 2B，然后在整个数据上加上 8B 的额外开销。

3. 序列整数类型

序列整数类型如表 5-2 所示。

表 5-2 序列整数类型

名称	描述	存储空间 /B	取值范围
smallserial	2B 序列整数类型	2	–32 768 ~ +32 767

续表

名称	描述	存储空间 /B	取值范围
serial	4B 序列整数类型	4	−2 147 483 648 ~ +2 147 483 647
bigserial	8B 序列整数类型	8	−9 223 372 036 854 775 808 ~ +9 223 372 036 854 775 807
largeserial	16B 序列整数类型	16	—

4. 浮点类型

浮点类型如表 5-3 所示。

表 5-3　浮点类型

名称	描述	存储空间 /B	取值范围
real、float4	单精度浮点数，不精准	4	−3.402E+38 ~ 3.402E+38，6 位十进制数字精度
double precision、float8、binary_double	双精度浮点数，不精准	8	−1.79E+308 ~ 1.79E+308，15 位十进制数字精度
float[(p)]	浮点数，不精准。精度 p 的取值范围为 [1, 53]。p 表示总位数	4 或 8	根据精度 p 不同选择 real 或 double precision 作为内部表示。如果不指定精度，则内部用 double precision 表示
dec[(p[,s])]	精度 p 的取值范围为 [1, 1000]，标度 s 的取值范围为 [0, p]。p 为总位数，s 为小数位数	用户声明精度。每 4 位（十进制位）占用 2B，然后在整个数据上加上 8B 的额外开销	在未指定精度的情况下，小数点前最大 131 072 位，小数点后最大 16 383 位
integer[(p[,s])]	精度 p 的取值范围为 [1, 1000]，标度 s 的取值范围为 [0, p]	用户声明精度。每 4 位（十进制位）占用 2B，然后在整个数据上加上 8B 的额外开销	—

5.2　布尔类型

布尔类型包括 boolean，占用存储空间 1B。参数包括：true，表示真；false，表示假；null，表示未知（unknown）。

5.3　字符类型

字符类型如表 5-4 所示。

表 5-4　字符类型

名称	描述	存储空间
char(n)、character(n)	定长字符串，不足部分补空格。n 指字节长度，如果不带精度 n，则默认精度为 1	最大为 10MB
nchar(n)	定长字符串，不足部分补空格。n 指字符长度，如果不带精度 n，则默认精度为 1	最大为 10MB
varchar(n)、character varying(n)、varchar2(n)	变长字符串，n 指字节长度	最大为 10MB
nvarchar(n)、nvarchar2(n)	变长字符串，n 指字符长度	最大为 10MB
text、clob	变长字符串	最大为 1GB–1MB，但还需要考虑列描述头信息的大小以及列所在元组的大小限制（小于 1GB–1MB），因此最大值可能小于 1GB–1MB

其中，varchar2、nvarchar2 与 varchar、nvarchar 无区别，仅仅是为了兼容 Oracle 数据库的语法而引入的。

由于 openGauss 数据库中一个汉字需要 3B 的存储空间，因此在定义字符类型的字段时要注意最大长度能否满足包含汉字的字符串的存储空间需求。

例如：

```
test=> create table char_t1(demo varchar(2));
create table
test=> insert into char_t1 values('ab');
insert 0 1
test=> insert into char_t1 values('成都');
ERROR:  value too long for type character varying(2)
CONTEXT:  referenced column: demo
```

出错的原因在于“成都”两个汉字需要 6B 的存储空间，而 demo 字段只有 2B 的长度。

```
test=> select lengthb('成都');
 lengthb
---------
 6
(1 row)
```

将 char_t1 的 dmeo 字段修改为 6B 长度：

```
test=> alter table char_t1 modify demo varchar(6);
alter table
test=> \d char_t1;
          Table "test.char_t1"
 Column |         Type         | Modifiers
--------+----------------------+-----------
   demo | character varying(6) |
```

也可以使用 nvarchar 定义字段：

```
test=> create table char_t2(demo nvarchar(2));
create table
test=> insert into char_t2 values('ab'),('成都');
insert 0 2
test=> select * from char_t2;
 demo
------
 ab
 成都
(2 rows)
```

nvarchar/nchar 数据类型的长度为字符长度而非字节长度。在实际应用中，使用 nvarchar/nchar 数据类型只须考虑字符串的长度，而无须考虑数据需要的字节长度。因此，包含汉字或其他全角字符的字段最好使用 nvarchar/nchar 数据类型。

5.4 二进制类型

常见的二进制类型如表 5-5 所示。

表 5-5　常见的二进制类型

名称	描述	存储空间
blob	二进制大对象，列存不支持 blob 类型	最大为 1GB–8203B（1 073 733 621B）
raw	变长的十六进制类型，列存不支持 raw 类型	4B 加上实际的十六进制字符串。最大为 1GB–8203B（1 073 733 621B）
bytea	变长的二进制字符串	4B 加上实际的二进制字符串。最大为 1GB–8203B（1 073 733 621B）

5.5　日期/时间类型

日期/时间类型如表 5-6 所示。

表 5-6　日期/时间类型

名称	描述	存储空间 /B
date	日期和时间	4（实际存储空间大小为 8B）
time [(p)] [without time zone]	只用于一日内的时间 p 表示小数点后的精度，取值范围为 0~6	8
time [(p)] [with time zone]	只用于一日内的时间，带时区 p 表示小数点后的精度，取值范围为 0~6	12
timestamp[(p)] [without time zone]	日期和时间 p 表示小数点后的精度，取值范围为 0~6	8
timestamp[(p)][with time zone]	日期和时间，带时区 timestamp 的别名为 timestamptz。p 表示小数点后的精度，取值范围为 0~6	8
smalldatetime	日期和时间，不带时区 精确到分，秒位大于或等于 30s 进一位	8
interval day (l) to second (p)	时间间隔，X 天 X 小时 X 分 X 秒 l 表示天数的精度，取值范围为 0~6。兼容性考虑，目前未实现具体功能。p 表示秒数的精度，取值范围为 0~6。小数末尾的 0 不显示	16

续表

名称	描述	存储空间 /B
interval [fields] [(p)]	时间间隔 fields 可以是 year、month、day、hour、minute、second、day to hour、day to minute、day to second、hour to minute、hour to second、minute to second p 表示秒数的精度，取值范围为 0~6，且 fields 为 second、day to second、hour to second 或 minute to second 时，参数 p 才有效。小数末尾的 0 不显示	12
reltime	相对时间间隔 格式为 X years X mons X days XX: XX:XX 采用儒略历计时，规定一年为 365.25 天，一个月为 30 天，计算输入值对应的相对时间间隔，输出采用 POSTGRES 格式	4
abstime	日期和时间 格式为 YYYY-MM-DD hh:mm:ss+timezone 取值范围为 1901-12-13 20:45:53 GMT~2038-01-18 23:59:59 GMT，精度为秒	4

日期 / 时间类型的功能十分强大，便于进行日期 / 时间计算。接下来通过几个示例进行介绍。

示例 1：计算第二天日期。

```
test=> select '2023-7-1'::date + 1;
      ?column?
---------------------
 2023-07-02 00:00:00
(1 row)
```

示例 2：计算前一天日期。

```
test=> select '2023/7/1'::date - 1;
      ?column?
---------------------
 2023-06-30 00:00:00
(1 row)
```

示例 3：计算一个小时后的时间。

```
test=> select '2023-7-1'::date + 1/24;
      ?column?
---------------------
 2023-07-01 01:00:00
(1 row)
```

示例 4：计算一个小时前的时间。

```
test=> select '2023-7-1'::date - 1/24;
      ?column?
---------------------
 2023-06-30 23:00:00
(1 row)
```

有的开发人员喜欢用字符串存放日期 / 时间类型的数据，这种方法有很大的弊端。例如，对于像“2023-2-29”“2023-6-31”这样的非法日期，必须增加进行检验处理的代码。使用日期类型就可以有效避免错误的日期数据进入数据库。

5.6 几何类型

几何类型如表 5-7 所示。

表 5-7 几何类型

名称	存储空间 /B	说明	表现形式
point	16	平面中的点	(x, y)
lseg	32	（有限）线段	((x1, y1),(x2, y2))
box	32	矩形	((x1, y1),(x2, y2))
path	16+16n	闭合路径（与多边形类似）	((x1, y1), ...)
path	16+16n	开放路径	[(x1, y1), ...]
polygon	40+16n	多边形（与闭合路径相似）	((x1, y1), ...)
circle	24	圆	<(x, y), r>（圆心和半径）

5.7 网络地址类型

由于网络地址类型的数据从表面上看很像字符串，因此很多应用系统采用字符串类型的数据存储 IP 地址等网络地址信息。但使用字符串存储、处理 IP 地址的方法效率较低，而且无法防范错误的 IP 地址（如 10.133.8.256）进入数据库，需要增加额外的检验处理代码。

MySQL 数据库采用无符号整数来存放 IP 地址，并提供函数 inet_aton（把字符类型的 IP 地址转换为数值类型）、inet_ntoa（把数值类型的 IP 地址转换为字符类型），处理 IP 地址的效率非常高。

openGauss 数据库直接提供了网络地址类型，如表 5-8 所示。

表 5-8 网络地址类型

名称	存储空间 /B	描述
cidr	7 或 19	IPv4 或 IPv6 网络
inet	7 或 19	IPv4 或 IPv6 主机和网络
macaddr	6	MAC 地址

使用网络地址类型可以有效防止错误数据。例如：

```
test=# select '10.133.8.17'::inet;
   inet
-------------
 10.133.8.17
(1 row)
test=# select '10.133.8.256'::inet;
ERROR:invalid input syntax for type inet: "10.133.8.256"
```

此外，openGauss 数据库还提供了丰富的对网络地址类型的数据进行处理的函数。

当 IP 地址的子网掩码非 8 的整数倍时，手工计算子网掩码、主机掩码、网段地址等网络信息十分麻烦，需要进行二进制转换。而采用 openGauss 数据库提供的网络地址函数则可以十分方便地获取网络地址的相关信息。

接下来通过几个示例进行说明。

示例 1：计算 IP 地址中的子网掩码。

```
test=> select netmask('10.133.41.24/20');
   netmask
---------------
 255.255.240.0
(1 row)
```

示例 2：计算 IP 地址中的网络号。

```
test=> select network('10.133.41.24/20');
   network
----------------
```

```
 10.133.32.0/20
(1 row)
```

示例3：计算IP地址所在网段的广播地址。

```
test=> select broadcast('10.133.41.24/20');
   broadcast
------------------
 10.133.47.255/20
(1 row)
```

示例4：计算IP地址的主机掩码。

```
test=> select hostmask('10.133.41.24/20');
   hostmask
------------------
 0.0.15.255
(1 row)
```

5.8 位串类型

位串就是一串1和0的字符串。它们可以用于存储位掩码。

openGauss数据库支持两种位串类型——bit(n)和bit varying(n)，其中，n是一个正整数。

bit(n)类型的数据必须准确匹配长度n，如果存储短的或者长的数据都会报错。bit varying(n)类型的数据是最长为n的变长类型，超过n的类型会被拒绝。没有长度的bit等效于bit(1)，没有长度的bit varying表示没有长度限制。

5.9 文本搜索类型

openGauss数据库提供了两种数据类型用于支持全文检索：tsvector类型表示为文本搜索优化的文件格式；tsquery类型表示文本查询。

- tsvector类型表示一个检索单元，通常是一个数据库表中一行的文本字段或者这些字段的组合，tsvector类型的值是一个标准词位的有序列表。标准词位是指把同一个词的变形体都标准化成相同的，在输入的同时会自动排序和消除重复。to_tsvector函数通常用于解析和标准化文档字符串。
- tsquery类型表示一个检索条件，其中存储了用于检索的词汇，并且使用布尔操作符&（and）、|（or）和!（not）来组合它们，括号用来强调操作符的分组。to_tsquery函数及plainto_tsquery函数会在将单词转换为tsquery类型前进行规范化处理。

5.10 UUID 数据类型

UUID 数据类型用来存储 RFC 4122、ISO/IEF 9834—8:2005 以及相关标准定义的通用唯一标识符（Universally Unique IDentifier，UUID）。这个标识符是一个由算法产生的 128 位标识符，可以确保它不可能使用相同算法在已知的模块中产生的相同标识符。

UUID 是一个小写十六进制数字的序列，由分隔字符分成几组，一组 8 位数字 + 三组 4 位数字 + 一组 12 位数字，总共 32 个数字代表 128 位，标准的 UUID 示例如下：

```
a0eebc99-9c0b-4ef8-bb6d-6bb9bd380a11
```

openGauss 数据库同样支持以其他方式输入：大写英文字母和数字、由花括号包围的标准格式、省略部分或所有连字符、在任意一组 4 位数字之后加一个连字符。示例如下：

```
A0EEBC99-9C0B-4EF8-BB6D-6BB9BD380A11
{a0eebc99-9c0b-4ef8-bb6d-6bb9bd380a11}
a0eebc999c0b4ef8bb6d6bb9bd380a11
a0ee-bc99-9c0b-4ef8-bb6d-6bb9-bd38-0a11
```

5.11 JSON/JSONB 类型

JSON（JavaScript Object Notation）是目前非常流行的数据交换格式，也是存放非结构化数据的主要方式。

JSON 类型的数据可以是单独的一个标量 (scalar)，也可以是一个数组（array），还可以是一个键值对象（object），其中数组和对象可以统称为容器（container）。

- 标量：单一的数字、bool、string、null 都可以称为标量。
- 数组：[] 结构，里面存放的元素可以是任意类型的 JSON 数据，并且不要求数组内所有元素都是同一类型。
- 对象：{} 结构，存储 key:value 的键值对，其键只能是用双引号括起来的字符串，值可以是任意类型的 JSON 数据，对于重复的键，以最后一个键值对为准。

openGauss 数据库有两种数据类型——JSON 和 JSONB，可以用来存储 JSON 数据。其中，JSON 是对输入的字符串的完整副本，使用时需要进行解析，所以它会保留输入的空格、重复键及顺序等；JSONB 保存解析后的二进制格式，它在解析时会删除语义无关的细节和重复的键，对键值也会进行排序，使用时不用再次解析。例如：

```
test=> select '{"b":2, "c":3, "0":0, "a":1,"b":3,"a":0}'::jsonb;
                    jsonb
----------------------------------
 {"0": 0, "a": 0, "b": 3, "c": 3}
(1 row)
```

可以看到，JSONB 会对重复的键值进行合并（取最后一个），并自动根据键值进行排序后存储。

JSON 和 JSONB 的主要差别是效率。JSON 存储输入文本的精确副本，处理函数必须在每次执行时重新解析；而 JSONB 数据以分解的二进制格式存储，由于在输入时需要进行转换，因此输入速度较慢，但因为不需要重新解析，所以处理速度明显更快。由于 JSONB 类型存在解析后的格式归一化等操作，同等的语义下只会有一种格式，因此可以更好地支持其他操作，比如按照一定的规则比较大小等。此外，JSONB 也支持索引，这也是一个明显的优势。因此，尽量使用 JSONB 存储 JSON 数据。

JSON/JSONB 数据类型常用操作示例如下。

示例 1：获得 array-json 元素。

```
test=> select '[{"a":10},{"b":20}]'::json->1;
 ?column?
----------
 {"b":20}
(1 row)
```

注意，array 的下标从 0 开始。

示例 2：通过键获得值。

```
test=> select '{"a":10,"b":20,"c":30}'::json->'b';
 ?column?
----------
 20
(1 row)
```

或者

```
test=> select '{"a":10,"b":20,"c":30}'::json->>'b';
 ?column?
----------
 20
(1 row)
```

示例 3：获得 JSON 数组元素。

```
test=>  select '[1,2,3,4,5]'::json->>2;
 ?column?
----------
 3
(1 row)
```

示例 4：获取指定路径的 JSON 对象。

```
test=> select '{"a":{"b":{"c":100}}}'::json #>'{a,b}';
 ?column?
-----------
 {"c":100}
(1 row)
```

或者

```
test=> select '{"a":{"b":{"c":100}}}'::json #>>'{a,b}';
 ?column?
-----------
 {"c":100}
(1 row)
```

示例 5：获取指定路径的 array-json 元素。

```
test=> select '{"a":[1,2,3],"b":[4,5,6]}'::json #>'{a,2}';
 ?column?
----------
 3
(1 row)
```

或者

```
test=> select '{"a":[1,2,3],"b":[4,5,6]}'::json #>>'{a,2}';
 ?column?
----------
 3
(1 row)
```

此外，openGauss 数据库还提供了大量支持 JSON/JSONB 类型的函数。

5.12 HLL 数据类型

HLL（HyperLogLog）是统计数据集中唯一值个数的高效近似算法。它有着计算速度快、节省空间的特点，不需要直接存储集合本身，而是存储一种名为 HLL 的数据结构。每当统计新加入的数据时，只需要把数据经过哈希计算并插入 HLL 中，最后根据 HLL 就可以得到结果。

5.13　范围类型

范围类型是一类特殊的数据类型，用于描述某一特定类型的值（称为范围的子类型）的可能范围。例如，timestamp 的范围可以被用来表示一间会议室的预订时间范围。在这种情况下，所使用的数据类型是 tsrange（timestamp range 的简写），而 timestamp 本身则是子类型。子类型必须具备一个清晰的总体顺序，这样才能确定元素值位于范围值内、之前还是之后。

范围类型可以表达一种单一范围值中的多个元素值，并且可以很清晰地表达诸如范围重叠等概念。用于时间安排的时间和日期范围是最清晰的例子，价格范围、仪器的量程等也都适用。

5.14　对象标识符类型

openGauss 数据库在内部使用 OID 作为各种系统表的主键。OID 类型本质上就是一个 4B 的无符号整数，更多详情请参见 2.3 节。

5.15　伪类型

openGauss 数据库的数据类型包含一系列特殊用途的类型，这些类型按照类别被称为伪类型。伪类型不能作为字段的数据类型，但是可以用于声明函数的参数或者结果类型，如表 5-9 所示。

表 5-9　伪类型

名称	描述
any	表示函数接受任何输入数据类型
anyelement	表示函数接受任何数据类型
anyarray	表示函数接受任意数组数据类型
anynonarray	表示函数接受任意非数组数据类型
anyenum	表示函数接受任意枚举数据类型
anyrange	表示函数接受任意范围数据类型
cstring	表示函数接受或者返回一个空结尾的 C 字符串
internal	表示函数接受或者返回一种服务器内部的数据类型
language_handler	声明一个过程语言调用句柄返回 language_handler
fdw_handler	声明一个外部数据封装器返回 fdw_handler

续表

名称	描述
record	标识函数返回一个未声明的行类型
trigger	声明一个触发器函数返回 trigger
void	表示函数不返回数值
opaque	一个已经过时的类型，以前用于所有上面这些用途

5.16 XML 类型

XML 类型可以被用来存储 XML 数据。它的内部格式和 text 类型相同，相比于 text 类型数据，XML 类型的优势在于：它会使用 LIBXML2 对于 XML 格式文本的处理能力，检查输入值的结构是不是符合 XML 标准，并且基于 LIBXML2 提供的支持函数用于在其上执行类型安全操作。

XML 类型可以存储格式遵循 XML 标准定义的“文档”以及“内容”片段，它是通过引用更宽泛的 "DOCUMENT NODE"XQUERY 和 XPATH 数据模型来定义的。

XML 解析器把 XML 文档转换为 XML DOM 对象。DOM（Document Object Model，文档对象模型）定义了访问和操作文档的标准方法。XML DOM 定义了访问和操作 XML 文档的标准方法。XML DOM 把 XML 文档视为一个树结构。其中所有元素可以通过 DOM 树来访问。在 XML DOM 中，元素及其文本和属性都被视为节点。这意味着开发人员可以像操作树结构中的节点一样操作 XML 文档中的元素。

XML 底层使用的是和 text 类型一样的数据结构进行存储，最大存储空间为 1GB。

注意，openGauss 数据库轻量版默认不支持 XML 类型。如须使用，应修改 openGauss-server 源码中的 cmake/src/build_options.cmake 文件，将 143 行 set(USE_LIBXML OFF) 去掉，之后使用 build/script 中的 cmake_package_mini.sh 脚本重新编译数据库。

5.17 SET 类型

SET 类型是 openGauss 数据库企业版支持的一种包含字符串成员的集合类型，在表字段创建时定义。

使用说明如下。

- SET 类型成员个数最大为 64 个，最小为 1 个。不能定义为空集。
- 成员名称长度最大为 255 个字符，允许使用空字符串作为成员名称。成员名称必须是字符常量，且不能是计算后得到的字符常量，如 SET('a' || 'b', 'c')。
- 成员名称不能包含逗号，成员名称不能重复。

- 不支持创建 SET 类型的数组和域类型。
- 只有在 sql_compatibility 参数设置为 B 兼容模式时，才支持 SET 类型。
- 不支持 SET 类型作为列存表字段的数据类型。
- 不支持 SET 类型作为分区表的分区键。
- 通过 drop type 命令删除 SET 类型时，需要使用 cascade 方式删除，且关联的表字段也会被删除。
- 对于 ustore 存储方式的表，如果表中包含 SET 类型的字段，且已经开启回收站功能，当表被删除时，不会进入回收站中，而是被直接删除。
- alter table 不支持将 SET 类型字段的数据类型修改为其他 SET 类型。
- 当表或者 SET 类型关联的表字段被删除，或者表字段的 SET 类型修改为其他类型时，SET 数据类型也会被同步删除。
- 不支持以 create table { as | like } 的方式创建包含 SET 类型的表。
- SET 类型是随表字段创建的，其名称是组合而成的。如果 schema 中已经存在同名的数据类型，创建 SET 类型会失败。
- SET 类型支持与 int2、int4、int8、text 数据类型进行 =、<、>、<、<=、>、>= 比较。
- SET 类型支持与 int2、int4、int8、float4、float8、numeric、char、varchar、text、nvarchar2 数据类型的转换。

第6章 表和索引

表（table）是数据库存储数据的逻辑实体，也是用户进行数据的增（insert）、删（delete）、改（update）、查（select）等操作的对象。表由列和行组成，每一行代表一个完整的记录（元组）。表中包含一组固定的列（字段），列描述了该表所记录的实体的属性，每一列都有一个名称及其他的属性。列的属性通常由两部分组成——数据类型（data type）和长度（length）。

索引记录了表中每行数据的位置信息。查询时通过索引可以快速定位表中的数据记录，从而达到高效访问数据的目的。

6.1 行存表和列存表

数据库表中的数据存储方式分为行存和列存两种，进而产生了两种类型的表——行存表和列存表。这两种类型的表适用于不同的应用场景。

6.1.1 OLTP 和 OLAP

应用系统通常会分成两大类——联机事务处理（On-Line Transaction Processing，OLTP）和联机分析处理（On-Line Analytical Processing，OLAP）。OLTP 是传统的关系型数据库的主要应用，侧重于日常的事务处理；OLAP 是数据仓库系统的主要应用，支持复杂的分析操作，侧重于统计分析和决策支持。

OLTP 的特点：并发用户多，数据的增、删、改、查操作频繁，SQL 语句简单、涉及的数据记录少，系统响应快速。

OLAP 的特点：并发用户少，数据变更少，SQL 语句复杂且往往涉及大量的数据，响应时间较长。

需要注意的是，现在的信息系统在功能上往往是“OLTP+OLAP”的混合体：既处理日常事务，也带有统计分析功能。这也是目前非常活跃的领域，称为 HTAP（Hybrid Transaction and Analytical Process，混合事务和分析处理）。

6.1.2 行存表

行存表是指数据按行进行存储，即一行数据的所有列（字段）都存储在一起。这样的存储方式对增、删、改、查等操作都很适合，适用于需要经常更新数据的 OLTP 场景；缺点是查询时即使只需要部分字段，所有字段的数据也都会被读取到内存中。

行存表的逻辑结构如图 6-1 所示。

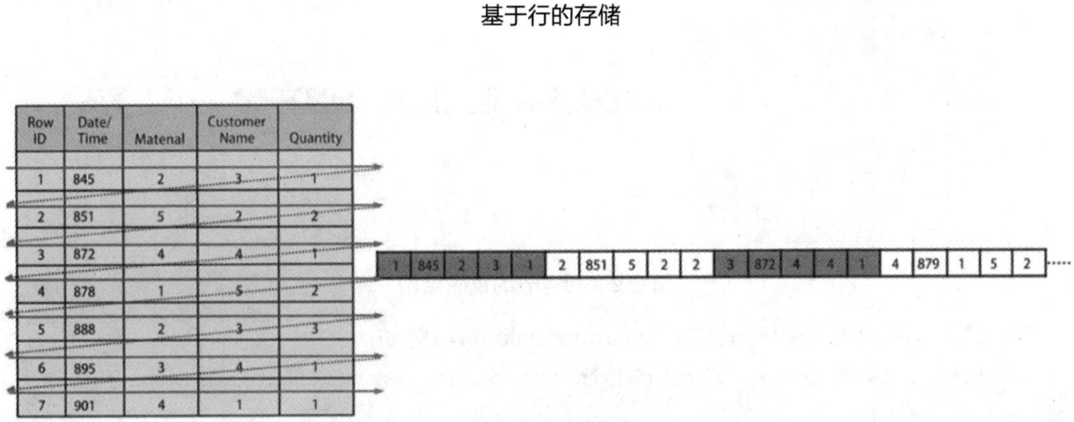

基于行的存储

图 6-1　行存表的逻辑结构

当 openGauss 数据库创建表时，如果未明确指定，默认情况下创建的是行存表。例如：

```
test=> create table row_t1(id int,val int);
create table
test=> \d+ row_t1
                        Table "test.row_t1"
 Column |  Type   | Modifiers | Storage | Stats target | Description
--------+---------+-----------+---------+--------------+-------------
     id | integer |           |  plain  |              |
    val | integer |           |  plain  |              |
Has OIDs: no
Options: orientation=row, compression=no
```

其中，orientation=row 表示是行存表。

6.1.3　列存表

列存表的数据按列进行存储，即同一列（字段）的数据存放在一起。这样存储数据的优点是查询时只有需要的列会被读取，投影（projection）高效，而且任何列都能作为索引。适合数据批量插入、更新较少和以查询为主的 OLAP 场景；缺点是插入和更新数据时效率较低。

列存表的逻辑结构如图 6-2 所示。

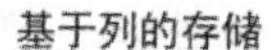

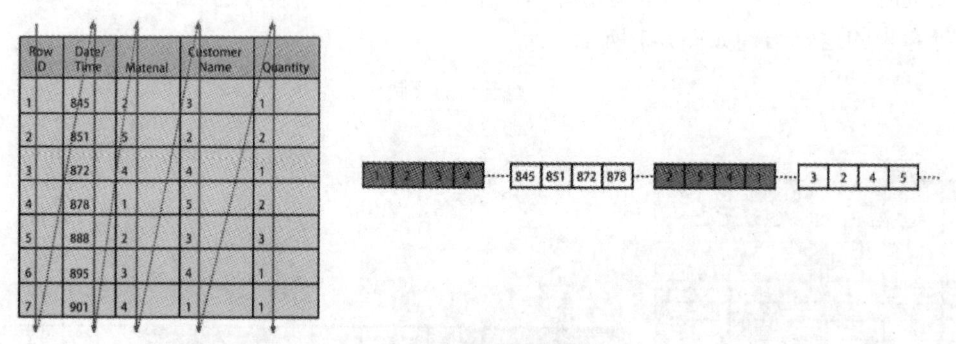

图 6-2 列存表的逻辑结构

创建列存表时需要指定参数 orientation=column，例如：

```
test=> create table col_t1(id int,demo int) with(orientation=column);
create table
test=> \d+ col_t1
                          Table "test.col_t1"
 Column |  Type    | Modifiers | Storage | Stats target | Description
--------+----------+-----------+---------+--------------+-------------
     id | integer  |           |  plain  |              |
   demo | integer  |           |  plain  |              |
Has OIDs: no
Options: orientation=column, compression=low
```

6.2 存储引擎

openGauss 数据库提供了多种存储机制以应对不同的应用场景。这些不同的存储机制称为存储引擎。

6.2.1 ASTORE 存储引擎

ASTORE 存储引擎是 openGauss 数据库的默认存储引擎，采用追加更新（append update）模式。当数据记录发生变化（如 update、delete）时，原来的数据保持位置不变（会被标记为“旧”记录），之后系统会在同一数据块中再创建一条包含变更后的数据的新记录。当发生事务回退时，系统可以利用这些“旧”数据将数据表快速恢复到事务前的状态。

采用 ASTORE 存储引擎的表在同一个数据块中既保存前映像（变更前的“旧”数据）

也保存最新的当前值。如果数据更新操作非常频繁，数据块中会包含大量的前映像，此时磁盘空间会被这些“旧”数据（垃圾数据）占据，磁盘扫描速度降低，影响数据库运行性能。所以，openGauss 数据库会定期执行 vacuum 操作以对垃圾数据进行清理。

6.2.2 USTORE 存储引擎

USTORE 存储引擎又名原地更新（in-place update）存储引擎，是 openGauss 2.1.0 版推出的一种新的存储引擎，采用了目前数据库领域流行的 undo 技术。

USTORE 存储引擎将最新版本的“有效数据”和历史版本的“垃圾数据”分开存储，历史数据统一存放在单独开辟的 undo 空间（undo 目录下），数据文件中只存储最新版本的“有效数据”。因此，数据文件不会由于频繁更新而快速膨胀。undo 空间能快速回退事务，还可以实现更高效、更全面的闪回查询和回收站机制。此外，undo 空间的统一分配、集中回收机制，让空间复用效率更高，整个数据库的存储空间使用更加高效。

USTORE 存储引擎在数据频繁更新的场景下依然可以保持高性能，使业务系统运行更加平稳，适应了更多业务场景和工作负载，特别是对性能和稳定性有更高要求的金融核心业务场景。因此，USTORE 存储引擎是 openGauss 数据库的未来发展方向。

使用 USTORE 存储引擎前需要先开启参数 enable_ustore：

```
alter system set enable_ustore=on;
```

此外，由于 USTORE 存储引擎包括 undo log 信息，因此创建 USTORE 存储引擎表时还需要提前在配置文件 postgresql.conf 中配置 undo_zone_count 的值，该参数代表的是 undo log 的一种资源个数，推荐配置值为 16 384。也可以直接执行如下修改参数的命令：

```
alter system set undo_zone_count=16384;
```

配置完成后须重启数据库。

因为 openGauss 数据库默认存储引擎为 ASTORE，所以使用 USTORE 存储引擎创建表需要指定 storage_type=ustore：

```
test=> create table ustore_t1(id int,val int) with(storage_type=ustore);
create table
test=> \d+ ustore_t1;
                        Table "test.ustore_t1"
 Column |  Type   | Modifiers | Storage | Stats target | Description
--------+---------+-----------+---------+--------------+-------------
     id | integer |           | plain   |              |
    val | integer |           | plain   |              |
Has OIDs: no
Options: storage_type=ustore, orientation=row, compression=no
```

注意，USTORE 存储引擎不支持列存表。

如果要将 USTORE 存储引擎设为 openGauss 数据库的默认存储引擎，可以在配置文件 postgresql.conf 中设置 enable_default_ustore_table 为 on。重启数据库后参数生效。

6.2.3　MOT 存储引擎

MOT（Memory-Optimized Table，内存优化表）存储引擎是一种事务性行存储引擎，针对多核和大内存服务器进行了优化。MOT 完全支持 ACID 特性，以及严格的持久性和高可用性。企业可以在关键任务、性能敏感的在线事务处理中使用 MOT，以实现高性能、高吞吐、可预测低延迟以及多核服务器的高利用率。MOT 尤其适合在多路和多核处理器的现代服务器上运行。

openGauss 数据库允许应用程序使用 MOT 和基于标准磁盘的表。MOT 适用于最活跃、高竞争和对吞吐量敏感的应用程序表，也可用于其他应用场景。

使用 MOT 的步骤如下。

1. 授予用户权限

这里以授予数据库用户对 MOT 存储引擎的访问权限为例进行介绍。每个数据库用户仅执行一次，通常在初始配置阶段完成。

要使特定用户能够创建和访问 MOT（ddl、dml、select），以下语句只执行一次：

```
openGauss=# grant usage on foreign server mot_server to omm;
grant
openGauss=#
```

2. 创建/删除 MOT

MOT 中的创建和删除表语句与 openGauss 数据库中基于磁盘的表的语句不同，select、dml 和 ddl 的所有其他命令的语法对于 MOT 和 openGauss 数据库基于磁盘的表是一样的。

创建 MOT 的语句如下：

```
openGauss=# create foreign table mot(id int) server mot_server;
ERROR:Cannot create MOT tables while incremental checkpoint is enabled.
openGauss=#
```

注意，始终使用 foreign 关键字引用 MOT。

在创建 MOT 时，[server mot_server] 部分是可选的，这是因为 MOT 是一个集成的引擎，而不是一台独立的服务器。

当 openGauss 数据库开启增量检查点时，将无法创建 MOT。因此，在创建 MOT 之前需要先将 enable_incremental_checkpoint 设置为 off。

3. 创建索引

支持标准的 PostgreSQL 创建和删除索引语句。例如：

```
openGauss=# create index mot_index1 on mot(id) ;
ERROR:Can't create index on nullable columns
DETAIL:Column id is nullable
```

在这里，因为 id 列是允许空的，所以不能创建索引，只能创建一个非空列：

```
openGauss=# create foreign table mot2(id int not null);
create foreign table
openGauss=# create index mot_index1 on mot2(id);
create index
```

6.3　分区表

当数据表中的数据量非常大时，会严重影响数据的处理效率。分区表可以将表中的数据分散存储在多个区域，从而达到提高数据处理效率的目的。

6.3.1　创建分区表

openGauss 数据库提供了 4 种分区表，每种类型的分区表适合不同的场景。

1. 范围分区表

创建 values less than 范围分区表的语法如下：

```
create table partition_table_name
( [column_name data_type ]
  [, … ]
)
     partition by range(partition_key)
        (
           partition partition_name values less than(partition_value |
maxvalue})
        [, … ]
        );
```

示例如下：

```
create table range_t1(id int primary key,dt date)
partition by range(dt)
(partition p1 values less than('2020-01-01 00:00:00'),
partition p2 values less than('2023-01-01 00:00:00'),
partition p3 values less than(maxvalue));
```

分区表 range_t1 将数据分为 3 个区存放：p1 区存放 2020 年之前的数据；p2 区存放

2023 年之前的数据；p3 区存放 2023 年及以后的数据。

插入测试数据：

```
test=> insert into range_t1 values(1,sysdate),(2,'2018-5-1'),(3,'2020-12-15');
insert 0 3
test=> select * from range_t1;
 id |         dt
-------+---------------------------------
  2 | 2018-05-01 00:00:00
  3 | 2020-12-15 00:00:00
  1 | 2023-06-18 20:50:25
(3 rows)
```

查看各个分区的数据：

```
test=> select * from range_t1 partition(p1);
 id |         dt
-------+---------------------------------
  2 | 2018-05-01 00:00:00
(1 row)
test=> select * from range_t1 partition(p2);
 id |         dt
-------+---------------------------------
  3 | 2020-12-15 00:00:00
(1 row)
test=> select * from range_t1 partition(p3);
 id |         dt
-------+---------------------------------
  1 | 2023-06-18 20:50:25
(1 row)
```

创建 start end 范围分区表的语法如下：

```
create table partition_table_name
( [column_name data_type ]
  [, … ]
)
     partition by range(partition_key)
         (
           partition partition_name start(partition_value) end(partition_
```

```
value | maxvalue)
          [, … ]
          );
```

例如：

```
create table range_t2(name varchar(20) primary key,score int)
partition by range(score)
(partition fail start(0) end(60),
partition pass start(60) end(90),
partition excellent start(90) end(maxvalue));
test=> \d range_t2
           Table "test.range_t2"
 Column |          Type         | Modifiers
--------+-----------------------+-----------
   name | character varying(20) | not null
  score |               integer |
Indexes:
    "range_t2_pkey" primary key, btree (name) tablespace pg_default
partition by range(score)
Number of partitions: 4 (View pg_partition to check each partition range.)
```

虽然创建表的语句里只定义了3个分区，但创建完成后会有4个分区。系统会自动创建一个范围（minvalue, start）并将其作为第一个实际分区，分区名为fail_0，用来存放score小于start(0)的数据。原来定义的第一个分区名自动变为fail_1。

插入测试数据：

```
test=> insert into range_t2 values(1,90),(2,60),(3,20),(4,-5),(0,0);
insert 0 5
test=> select * from range_t2;
 name | score
------+-------
    4 |    -5
    3 |    20
    0 |     0
    2 |    60
    1 |    90
(5 rows)
```

查看各个分区的数据：

```
test=> select * from range_t2 partition(pass);
 name | score
-----------+-----------
    2 |    60
(1 row)
test=> select * from range_t2 partition(excellent);
 name | score
-----------+-----------
    1 |    90
(1 row)
test=> select * from range_t2 partition(fail_1);
 name | score
-----------+-----------
    3 |    20
    0 |     0
(2 rows)
test=> select * from range_t2 partition(fail_0);
 name | score
-----------+-----------
    4 |    -5
(1 row)
```

也可以使用关键字 every 对分区自动进行划分：

```
create table range_t3(name varchar(20) primary key,score int)
partition by range(score)
(partition fail start(0) end(60),
partition pass start(60) end(100) every(20),
partition excellent start(100));
```

系统在创建表 range_t3 时会自动将 pass 分区按 20 一个分区划分成两个——pass_1（60~79）和 pass_2（80~99）。excellent 分区存放大于等于 100 的数据。

插入测试数据：

```
test=> insert into range_t3 values(0,-5),(1,40),(3,75),(4,80),(5,100);
insert 0 5
test=> select * from range_t3;
 name | score
```

```
-----------+-----------
    0 |    -5
    1 |    40
    3 |    75
    4 |    80
    5 |   100
(5 rows)
```

查看各个分区的数据：

```
test=> select * from range_t3 partition(fail_0);
 name | score
-----------+-----------
    0 |    -5
(1 row)
test=> select * from range_t3 partition(fail_1);
 name | score
-----------+-----------
    1 |    40
(1 row)
test=> select * from range_t3 partition(pass_1);
 name | score
-----------+-----------
    3 |    75
(1 row)
test=> select * from range_t3 partition(pass_2);
 name | score
-----------+-----------
    4 |    80
(1 row)
test=> select * from range_t3 partition(excellent);
 name | score
-----------+-----------
    5 |   100
(1 row)
```

2. 列表分区表

创建列表分区表的语法如下：

```
create table partition_table_name
( [column_name data_type ]
  [, … ]
)
    partition by list(partition_key)
        (
        partition partition_name values(list_values_clause)
        [, … ]
        );
```

例如：

```
create table list_t1(name varchar(20),class int)
partition by list(class)
(partition p1 values(1,2),
partition p2 values(3,4),
partition p3 values(default));
```

其中，values(default) 表示 1、2、3、4 之外的数据存放在 p3 分区。

插入测试数据：

```
test=> insert into list_t1 values('a',1),('b',2),('c',3),('d',4),('e',5);
insert 0 5
test=> select * from list_t1;
 name | class
-----------+-----------
    a |     1
    b |     2
    c |     3
    d |     4
    e |     5
(5 rows)
```

查看各个分区的数据：

```
test=> select * from list_t1 partition(p1);
 name | class
-----------+-----------
    a |     1
```

```
    b |     2
(2 rows)
test=> select * from list_t1 partition(p2);
 name | class
-----------+-----------
    c |     3
    d |     4
(2 rows)
test=> select * from list_t1 partition(p3);
 name | class
-----------+-----------
    e |     5
(1 row)
```

3. 间隔分区表

间隔分区在范围分区的基础上增加了间隔值 partition by range (partition_key) 的定义。

创建 values less than 间隔分区表的语法如下：

```
create table partition_table_name
( [column_name data_type ]
  [, … ]
)
     partition by range(partition_key)
         (
         interval('interval_expr')
            partition partition_name values less than(partition_value |
maxvalue})
         [, … ]
         );
```

创建 start end 间隔分区表的方式有 3 种——start(partition_value) end (partition_value | maxvalue)、start(partition_value) end (partition_value) every (interval_value) 和 start(partition_value)。

start(partition_value) end (partition_value | maxvalue) 的语法如下：

```
create table partition_table_name
( [column_name data_type ]
  [, … ]
)
```

```
    partition by range(partition_key)
        (
        interval('interval_expr')
         partition partition_name start(partition_value) end (partition_
value | maxvalue)
        [, … ]
        );
```

start(partition_value) end (partition_value) every(interval_value) 的语法如下：

```
create table partition_table_name
( [column_name data_type ]
    [, … ]
] )
    partition by range(partition_key)
        (
         partition partition_name start(partition_value) end(partition_
value) every (interval_value)
        [, … ]
        );
```

start(partition_value) 的语法如下：

```
create table partition_table_name
( [column_name data_type ]
    [, … ]
] )
    partition by range(partition_key)
        (
        interval('interval_expr')
        partition partition_name start(partition_value)
        [, … ]
        );
```

end(partition_value|maxvalue) 的语法如下：

```
create table partition_table_name
( [column_name data_type ]
    [, … ]
] )
    partition by range(partition_key)
```

```
interval('interval_expr')
(
partition partition_name end(partition_value|maxvalue)
[, … ]
);
```

间隔分区表的参数说明如下。

- interval('interval_expr')：间隔分区定义信息。只支持timestamp[(p)] [without time zone]、timestamp[(p)] [with time zone]、date数据类型。
- interval_expr：自动创建分区的间隔，如1 day、1 month。
- partition_name：范围分区的名称。系统自动建立的分区按照建立的先后顺序，依次命名为sys_p1、sys_p2、sys_p3等。

例如：

```
create table range_t4(id int primary key,dt date not null)
partition by range(dt)
interval('1 year')
(partition last_year values less than('2023-01-01 00:00:00'),
partition this_year values less than('2024-01-01 00:00:00'));
```

分区表range_t4的分区原则：2023年之前的数据存放在last_year分区；2023年的数据存放在this_year分区；从2024年开始，每年一个分区。

插入测试数据：

```
test=> insert into range_t4 values(1,'2020-5-1'),(2,'2023-3-1'), (3,'2025-9-2'),(4,'2024-10-1'), (5,'2028-12-15');
insert 0 5
test=> select * from range_t4;
 id |          dt
-------+---------------------------------
  1 | 2020-05-01 00:00:00
  2 | 2023-03-01 00:00:00
  4 | 2024-10-01 00:00:00
  3 | 2025-09-02 00:00:00
  5 | 2028-12-15 00:00:00
(5 rows)
```

5行数据分别涉及5个年份，大于2023年的有3行，共有5个分区：

```
test=> select * from range_t4 partition(last_year);
 id |          dt
```

```
-------+---------------------------------
  1 | 2020-05-01 00:00:00
(1 row)
test=> select * from range_t4 partition(this_year);
 id |         dt
-------+---------------------------------
  2 | 2023-03-01 00:00:00
(1 row)
test=> select * from range_t4 partition(sys_p1);
 id |         dt
-------+---------------------------------
  3 | 2025-09-02 00:00:00
(1 row)
test=> select * from range_t4 partition(sys_p2);
 id |         dt
-------+---------------------------------
  4 | 2024-10-01 00:00:00
(1 row)
test=> select * from range_t4 partition(sys_p3);
 id |         dt
-------+---------------------------------
  5 | 2028-12-15 00:00:00
(1 row)
```

可以看到，sys_p1 分区存放的是 2025 年的数据；sys_p2 分区存放的是 2024 年的数据。因为 2025 年的数据早于 2024 年的数据插入，所以保存在 sys_p1 分区中。

间隔分区表的特点是可以根据设置的间隔参数自动生成新的分区，减少维护工作量，同时提高系统的健壮性。

4. 哈希分区表

哈希分区的目的是根据哈希值分别存储数据，查找时根据哈希值可以缩小搜索范围，从而提高查询效率。

创建哈希分区表的语法如下：

```
create table partition_table_name
( [column_name data_type ]
  [, … ]
)
```

```
    partition by hash(partition_key)
        (partition partition_name )
        [, … ]
   );
```

例如：

```
create table hash_t1(id int,dt date)
 partition by hash(dt)
(partition p1,partition p2,partition p3,partition p4);
```

表 hash_t1 的数据根据 dt 字段的哈希值自动分散存储在 4 个分区。

6.3.2　分区表的维护

分区表的分区信息可以在系统视图 pg_partition 中查询。pg_partition 视图的主要字段如下。

- relname，分区表名或分区名。
- parttype，对象类型，r 表示分区表，p 表示分区。
- parentid，分区表的 OID。
- relfilenode，分区的 OID，0 表示对象为分区表。
- boundaries，分区的上边界。

注意，parentid 为分区表创建时的 OID，如果分区表的 OID 发生变化（例如，对表进行 truncate 操作后，原来的数据文件被删除，重新分配了新的存储空间和文件名），relfilenode 则会变为新的分区数据文件 OID，但 parentid 仍然保持为最初创建时的分区表的 OID。

对于已经创建的分区表的分区，可以进行删除、增加、重命名、分裂、合并等操作。

1. 删除分区

删除分区的语法如下：

```
alter table partition_table_name drop partition partition_name;
```

例如：

```
test=> alter table range_t2 drop partition fail_0;
alter table
test=> select * from range_t2 partition(fail_0);
ERROR:partition "fail_0" of relation "range_t2" does not exist
```

注意，哈希分区表不支持删除分区。例如：

```
test=> alter table hash_t1 drop partition p1;
ERROR:  Droping hash partition is unsupported.
```

此外，如果列表分区表的 default 分区被删除，则列表之外的数据无法插入。例如，表 list_t1 的 p1 分区存放 1 和 2，p2 分区存放 3 和 4，p3 分区为 default 分区，删除 p3 分区后，1、2、3、4 之外的数据将无法插入表中：

```
test=> alter table list_t1 drop partition p3;
alter table
test=> insert into list_t1 values('x',8);
ERROR: inserted partition key does not map to any table partition
```

2. 增加分区

增加分区的语法如下：

```
alter table partition_table_name add partition {partition_less_than_item | partition_start_end_item| partition_list_item };
```

接上例，对列表分区表 list_t1 增加 default 分区：

```
test=> alter table list_t1 add partition p3 values(default);
alter table
test=> insert into list_t1 values('x',8);
insert 0 1
```

当对创建了 maxvalue 分区的范围分区表增加分区时系统会报错。例如，表 range_t1 将数据分为 3 个区进行存放：p1 分区存放 2020 年之前的数据；p2 分区存放 2023 年之前的数据；p3 分区存放从 2023 年开始的数据。其中，p3 分区指定了 maxvalue，若直接增加分区则系统会报错：

```
test=> alter table range_t1 add partition p4 values less than('2030-01-01 00:00:00');
ERROR:upper boundary of adding partition MUST overtop last existing partition
```

此时可以先删除 p3 分区（p3 分区的数据也会被删除），然后再增加分区：

```
test=> alter table range_t1 drop partition p3;
alter table
test=> alter table range_t1 add partition p4 values less than('2030-01-01 00:00:00');
alter table
```

3. 重命名分区

重命名分区的语法如下：

```
alter table partition_table_name rename partition partition_name TO partition_new_name;
```

例如：

```
test=> alter table hash_t1 rename partition p1 to p0;
ALTER TABLE
```

4. 分裂分区（指定切割点 split_partition_value）

指定切割点 split_partition_value 的分裂分区的语法如下：

```
alter table partition_table_name split partition partition_name at
( split_partition_value) into(partition partition_new_name1, partition
partition_new_name2);
```

例如，将表 range_t1 中新创建的 p4 分区以“2025-01-01 00:00:00”为界分裂为两个区：

```
test=> alter table range_t1 split partition p4 at('2025-01-01 00:00:00')
into(partition p4_1,partition p4_2);
alter table
```

插入测试数据：

```
test=> insert into range_t1 values(10,'2024-12-31'),(20,'2029-12-31');
insert 0 2
test=> select * from range_t1 partition(p4_1);
 id |          dt
-------+---------------------------------
 10 | 2024-12-31 00:00:00
(1 row)
test=> select * from range_t1 partition(p4_2);
 id |          dt
-------+---------------------------------
 20 | 2029-12-31 00:00:00
(1 row)
```

5. 分裂分区（指定分区范围）

指定分区范围的分裂分区的语法如下：

```
alter table partition_table_name split partition partition_name into { (
partition_less_than_item [, …] ) | ( partition_start_end_item [, …] ) };
```

接上例，将 p4_2 分区按年进行分裂：

```
test=> alter table range_t1 split partition p4_2 into(partition p4_2_1
values less than('2026-01-01 00:00:00'),partition p4_2_2 values less
than('2027-01-01 00:00:00'),partition p4_2_3 values less than('2028-01-01
00:00:00'),partition p4_2_4 values less than('2029-01-01 00:00:00'),partition
p4_2_5 values less than('2030-01-01 00:00:00'));
alter table
```

插入测试数据：

```
test=> insert into range_t1 values(100,'2029-12-31');
insert 0 1
test=> select * from range_t1 partition(p4_2_5);
 id  |         dt
-----+---------------------
  20 | 2029-12-31 00:00:00
 100 | 2029-12-31 00:00:00
(2 rows)
```

其中，id 为 20 的数据为分裂前的数据。

```
test=> insert into range_t1 values(200,'2028-12-31');
insert 0 1
test=> select * from range_t1 partition(p4_2_4);
 id  |         dt
-----+---------------------
 200 | 2028-12-31 00:00:00
(1 row)
```

6. 合并分区

合并分区的语法如下：

```
alter table partition_table_name merge partitions { partition_name } [, …]
into partition partition_name;
```

接上例，将分区 p4_2_4 和 p4_2_5 合并为一个分区：

```
test=> alter table range_t1 merge partitions p4_2_4,p4_2_5 into partition p4_2_45;
alter table
```

查看分区合并后的数据：

```
test=> select * from range_t1 partition(p4_2_45);
 id  |         dt
-----+---------------------
 200 | 2028-12-31 00:00:00
  20 | 2029-12-31 00:00:00
 100 | 2029-12-31 00:00:00
(3 rows)
```

6.4 临时表

临时表主要用于数据处理过程中的一些临时数据的存放，其生命周期一般跟会话或者事务绑定。

openGauss 数据库支持全局（global）临时表和本地（local）临时表。本地临时表只在当前会话可见（存放在以 pg_temp_ 为前缀的 schema 中），会话结束后会自动删除，应用场景较少。

全局临时表的表定义是全局的，即全局临时表的元数据（表结构）对所有会话可见，会话结束后元数据（表结构）继续存在。会话的数据、索引和统计信息等相互之间保持隔离，每个会话只能看到和更改自己提交的数据。与本地临时表不同，全局临时表建表时可以指定非 pg_temp_ 开头的 schema。

注意，临时表不支持列存储，也不支持分区。

全局临时表有两种模式。

模式 1：基于会话级别的（session mode），当会话结束时自动清空当前会话的用户数据。建表时如果没有指定 on commit 选项，则默认为会话级别。例如：

```
test=> create global temp table temp_t1(id int);
create table
test=> \d+ temp_t1
                     Table "test.temp_t1"
 Column |  Type   | Modifiers | Storage | Stats target | Description
--------+---------+-----------+---------+--------------+-------------
     id | integer |           |  plain  |              |
Has OIDs: no
Options: orientation=row, compression=no, on_commit_delete_rows=false
```

可以看到，未指定 on commit 选项时，创建的临时表的属性为 on_commit_delete_rows=false（数据在当前会话保存）。

模式 2：基于事务级别的（transaction mode），当事务结束（执行 commit 或 rollback 操作）时自动清空当前会话的用户数据。

```
test=> create global temp table temp_t2(id int) on commit delete rows;
create table
test=> \d+ temp_t2
                     Table "test.temp_t2"
 Column |  Type   | Modifiers | Storage | Stats target | Description
--------+---------+-----------+---------+--------------+-------------
     id | integer |           |  plain  |              |
Has OIDs: no
Options: orientation=row, compression=no, on_commit_delete_rows=true
```

测试：

```
test=> start transaction;
start transaction
test=> insert into temp_t2 values(1),(2);
insert 0 2
test=> select * from temp_t2;
 id
----------
  1
  2
(2 rows)
test=> commit;
commit
test=> select * from temp_t2;
 id
----------
(0 rows)
```

可以看到，执行 commit 操作后，基于事务的临时表自动清空当前会话的数据。

6.5 索引

索引是一个指向表中数据的指针。数据库中的索引与图书的索引目录非常相似。

索引可以用来提高数据库查询性能，但是不恰当的使用将导致数据库性能下降。建议仅在匹配如下原则时创建索引。

- 经常执行查询的字段。
- 在连接条件上创建索引，对于存在多字段连接的查询，建议在这些字段上建立组合索引。例如，select * from t1 join t2 on t1.a=t2.a and t1.b=t2.b，可以在 t1 表的 a、b 字段上建立组合索引。
- 在 where 子句的过滤条件字段上（尤其是范围条件）。
- 经常出现在 order by、group by 和 distinct 后的字段。

6.5.1 创建索引

openGauss 数据库的索引包括单列索引、组合索引、唯一索引、局部索引和部分索引。

1. 单列索引

单列索引是一个只基于表的一个列创建的索引。

创建单列索引的语法如下：

```
create index [ [schema_name.]index_name ] on table_name  (column_name);
```

例如：

```
test=> create index i_id on t1(id);
create index
test=> \d t1
                  Table "test.t1"
 Column |                Type                 | Modifiers
--------+-------------------------------------+-----------
     id |                             integer |
     sj | timestamp(0) without time zone |
   demo |              character varying(200) |
  demo2 |                                text |
Indexes:
    "i_id" btree (id) TABLESPACE pg_default
```

2. 组合索引

组合索引是基于表的多个列创建的索引。

创建组合索引的语法如下：

```
create index [ [schema_name.]index_name ] on table_name(column1_name,column2_name,…);
```

例如：

```
test=> create index i_id_sj on t1(id,sj);
create index
test=> \d t1
                  Table "test.t1"
 Column |                Type                 | Modifiers
--------+-------------------------------------+-----------
     id |                             integer |
     sj | timestamp(0) without time zone |
   demo |              character varying(200) |
  demo2 |                                text |
Indexes:
    "i_id" btree (id) TABLESPACE pg_default
    "i_id_sj" btree (id, sj) TABLESPACE pg_default
```

3. 唯一索引

指定唯一索引的字段不允许重复插入。

创建唯一索引的语法如下：

```
create  unique index [ [schema_name.]index_name ] on table_name(column_name);
```

例如：

```
test=> create unique index unique_id on t1(id);
create index
```

注意，创建唯一索引的字段不能有重复值。

也可以在多个字段上创建唯一索引：

```
test=> create unique index unique_id_sj on t1(id,sj);
create index
test=> \d t1
                  Table "test.t1"
 Column |              Type              | Modifiers
--------+--------------------------------+-----------
   id   |                        integer |
   sj   | timestamp(0) without time zone |
  demo  |         character varying(200) |
 demo2  |                           text |
Indexes:
    "unique_id" UNIQUE, btree (id) TABLESPACE pg_default
    "unique_id_sj" UNIQUE, btree (id, sj) TABLESPACE pg_default
    "i_id" btree (id) TABLESPACE pg_default
    "i_id_sj" btree (id, sj) TABLESPACE pg_default
    "i_part_demo" btree ("left"(demo::text, 2)) TABLESPACE pg_default
```

4. 局部索引

局部索引是在表的子集上构建的索引，其中，子集由一个条件表达式定义。

创建局部索引的语法如下：

```
create index [ [schema_name.]index_name ] on table_name  (expression);
```

例如，在字段 demo 左边的两个字符上创建索引：

```
test=> create index i_part_demo on t1(left(demo,2));
create index
test=> \d t1
                  Table "test.t1"
```

```
 Column |                Type                | Modifiers
--------+------------------------------------+-----------
     id |                            integer |
     sj | timestamp(0) without time zone |
   demo |            character varying(200) |
  demo2 |                               text |
Indexes:
    "unique_id" UNIQUE, btree (id) TABLESPACE pg_default
    "unique_id_sj" UNIQUE, btree (id, sj) TABLESPACE pg_default
    "i_id" btree (id) TABLESPACE pg_default
    "i_id_sj" btree (id, sj) TABLESPACE pg_default
    "i_part_demo" btree ("left"(demo::text, 2)) TABLESPACE pg_default
```

5. 部分索引

部分索引是一个只包含表的一部分记录的索引，通常是该表中比其他部分数据更有用的部分。创建时需要指定增加索引的部分记录的筛选条件。

创建部分索引的语法如下：

```
create index [ [schema_name.]index_name ] on table_name  (column_name)
  [ WHERE predicate ]
```

例如，在日期字段sj上创建索引，只针对2023年的数据：

```
test=> create index i_part_sj on t1(sj) where sj>'2023-01-01';
create index
```

筛选条件也可以不是索引字段：

```
test=> create index i_part_id on t1(id) where sj>'2023-01-01';
create index
test=> \d t1
                    Table "test.t1"
 Column |                Type                | Modifiers
--------+------------------------------------+-----------
     id |                            integer |
     sj | timestamp(0) without time zone |
   demo |            character varying(200) |
  demo2 |                               text |
Indexes:
    "unique_id" UNIQUE, btree (id) TABLESPACE pg_default
    "unique_id_sj" UNIQUE, btree (id, sj) TABLESPACE pg_default
```

```
    "i_id" btree (id) TABLESPACE pg_default
    "i_id_sj" btree (id, sj) TABLESPACE pg_default
    "i_part_demo" btree ("left"(demo::text, 2)) TABLESPACE pg_default
    "i_part_id" btree (id) TABLESPACE pg_default WHERE sj > '2023-01-01
00:00:00'::timestamp without time zone
    "i_part_sj" btree (sj) TABLESPACE pg_default WHERE sj > '2023-01-01
00:00:00'::timestamp without time zone
```

6.5.2　删除索引

索引不需要时可以进行删除。

删除索引的语法如下：

```
drop index index_name;
```

例如：

```
test=> drop index i_id;
drop index
```

6.5.3　重建索引

数据表经过多次删除、更新操作后，索引页面上的索引键会发生多次变更，造成索引膨胀。重建索引可有效提高查询效率。

重建索引的语法如下：

```
alter index index_name rebuild;
```

例如：

```
test=> alter index i_part_id rebuild;
reindex
```

6.5.4　重命名索引

索引的名称也可以根据需要进行更改。

对索引重命名的语法如下：

```
alter index index_name rename to new_index_name;
test=> alter index i_part_id rename to i_part2_id;
alter index
```

第7章 SQL基础

SQL（Structured Query Language，结构化查询语言）是一种高级的非过程化编程语言，其功能不仅仅包括查询（select），还有插入（insert）、删除（delete）、修改（update）等，以及管理数据库的命令。

SQL通常分为DDL（数据定义语言）、DML（数据操纵语言）、DCL（数据控制语言）3类。

使用SQL时不需要了解底层的数据存储方式和存取过程，降低了学习难度。不同种类的数据库也可以使用相同的SQL语法，甚至很多非关系型数据库也采用类似SQL的命令进行数据库操作。

ISO/IEC发布了多个SQL标准，其中最早的是SQL—86。后续的标准包括SQL—92、SQL—1999、SQL—2003、SQL—2006、SQL—2008、SQL—2011及SQL—2016。

虽然ISO/IEC定义了SQL的语法和功能，但不同的数据库管理系统在实现细节和扩展功能上存在差异。因此，在使用SQL时，还需要参考具体的数据库管理系统的文档和规范。

openGauss数据库默认支持标准的SQL—92、SQL—1999、SQL—2003和SQL—2011规范，同时默认兼容Oracle数据库的语法（创建数据库时也可以指定兼容MySQL或PostgreSQL等数据库的语法）。

7.1 SQL语法说明

openGauss数据库的SQL语法如表7-1所示。

表7-1 SQL语法

格式	说明
[ ]	表示用[ ]括起来的部分是可选的
...	表示前面的元素可重复出现
[x | y | ...]	表示从两个或多个选项中选取一个或者不选
{ x | y | ... }	表示从两个或多个选项中选取一个

续表

格式	说明
[x | y | ...] [...]	表示可选多个参数或者不选，如果选择多个参数，则参数之间用空格分隔
[x | y | ...] [,...]	表示可选多个参数或者不选，如果选择多个参数，则参数之间用逗号分隔
{ x | y | ... } [...]	表示可选多个参数，至少选一个，如果选择多个参数，则参数之间以空格分隔
{ x | y | ... } [,...]	表示可选多个参数，至少选一个，如果选择多个参数，则参数之间用逗号分隔

7.2 表达式

表达式是由常量、变量、函数和运算符组合而成的，是 SQL 语句中常见的数据计算方式。

7.2.1 简单表达式

简单表达式可以是一个常量、变量、列或标量函数，也可以用运算符将两个或更多的简单表达式连接以组成复杂表达式。

1. 逻辑表达式

常用的逻辑操作符有 and、or 和 not，它们的运算结果有 3 个值，分别为 true、false 和 null，其中，null 代表未知。它们的运算优先级由高到低的顺序为 not、and、or。

例如：

```
test=> select true and false;
 ?column?
----------
 f
(1 row)
test=> select true or false;
 ?column?
----------
 t
(1 row)
test=> select not true;
 ?column?
----------
```

```
 f
(1 row)
```

2. 比较表达式

常见的比较操作符有 >、<、=、between 等。

例如：

```
test=> select 1>0;
 ?column?
----------
 t
(1 row)
test=> select 1<0;
 ?column?
----------
 f
(1 row)
test=> select 1=0;
 ?column?
----------
 f
(1 row)
test=> select 10 between 1 and 100;
 ?column?
----------
 t
(1 row)
```

3. 伪列

跟 Oracle 数据库一样，openGauss 数据库也提供 rownum 作为记录的伪列，表示从查询中获取结果的行编号，也可以用于限制查询返回的总行数。

例如：

```
test=> select rownum,id from t1 where rownum<5;
 rownum | id
--------------+------
      1 | 21
      2 | 22
      3 | 23
```

```
    4 | 24
(4 rows)
```

7.2.2 条件表达式

在 SQL 语句中，可通过条件表达式筛选出符合条件的数据。

1. case

case 通过将表达式与另一组简单表达式进行比较来确定结果。

例如：

```
test=> select * from case_t1;
 id
----
  1
  2
  3
  4
  5
(5 rows)
test=> select id,case id when 1 then 'one' when 2 then 'two' when 3 then 'three' else 'bigger' end from case_t1;
 id |  case
-------+------------
  1 |    one
  2 |    two
  3 |  three
  4 | bigger
  5 | bigger
(5 rows)
```

也可以写成：

```
test=> select id, case when id<3 then 'less than 3' when id=3 then 'equal 3' when id>3 then 'bigger than 3' end from case_t1;
 id |     case
-------+---------------------
  1 | less than 3
  2 | less than 3
  3 |     equal 3
```

```
  4 | bigger than 3
  5 | bigger than 3
(5 rows)
```

2. decode

与Oracle数据库一样，openGauss数据库的decode用于进行比较判断。

decode的语法如下：

```
decode(条件,值1,返回值1,值2,返回值2,…,值n,返回值n,默认值)
```

例如：

```
test=> select id,decode(id,1,'one',2,'two',3,'three','else') from case_
t1;
 id | case
-------+-----------
  1 |   one
  2 |   two
  3 | three
  4 |  else
  5 |  else
(5 rows)
```

3. coalesce

coalesce返回t1的第一个非null的参数值。如果参数都为null，则返回null。它常用于在显示数据时用默认值替换null。

例如：

```
test=> select coalesce(1,2,3,null,4,5);
 coalesce
-----------------
 1
(1 row)
test=> select coalesce(null,1,2,3);
 coalesce
-----------------
 1
(1 row)
```

4. nullif

nullif用于对两个参数进行比较，只有当两个参数相等时，才返回null（空），否则返回第一个参数。

例如：

```
test=> select nullif(1,1),nullif(1,0);
 nullif | nullif
--------------+-------------
        |     1
(1 row)
```

5. greatest

从一个数字表达式的列表中选取最大的数值。

例如：

```
test=> select greatest(1,2,null,5,2+1);
 greatest
------------------
 5
(1 row)
```

6. least

从一个数字表达式的列表中选取最小的数值。

例如：

```
test=> select least(1,2,null,5,2+1);
 least
-----------
 1
(1 row)
```

7. nvl

当参数 1 为 null 时，返回参数 2，否则返回参数 1。

例如：

```
test=> select nvl(null,1),nvl(0,1);
 nvl | nvl
---------+---------
   1 |   0
(1 row)
```

7.2.3 子查询表达式

1. exists/not exists

exists 的参数是一个查询语句，或者说子查询。系统对子查询进行运算以判断它是否返回行。如果它至少返回一行，则 exists 的结果为“真”；如果子查询没有返回任何行，则 exists 的结果为“假”。

例如，表 t1 和表 t2 的数据情况如下：

```
test=> select * from t1;
 id | data
-------+---------
  1 |    a
  2 |    b
  3 |    c
  4 |    d
  5 |    e
(5 rows)
test=> select * from t2;
 id |  n
-------+-------
  2 | 100
  3 | 200
  5 | 400
(3 rows)
```

表 t1 和表 t2 通过字段 id 进行关联。现在查询表 t2 中字段 n 大于 100 的 id 在表 t1 中的数据记录：

```
test=> select * from t1 where exists(select * from t2 where id=t1.id and n>100);
 id | data
-------+---------
  3 |    c
  5 |    e
(2 rows)
```

查询表 t1 在表 t2 中不存在相同 id 的数据记录：

```
test=> select * from t1 where not exists(select * from t2 where id=t1.id);
 id | data
-------+---------
  1 |    a
  4 |    d
(2 rows)
```

2. in/not in

in 的查询逻辑跟 exists 相似，不同的是，in 左边的表达式与子查询的结果进行比较。

例如，表 t1 和表 t3 的数据情况如下：

```
test=> select * from t1;
 id | data
-------+----------
  1 |    a
  2 |    b
  3 |    c
  4 |    d
  5 |    e
(5 rows)
test=> select * from t3;
 id | demo
-------+----------
  2 |    b
  3 |    x
  5 |    d
(3 rows)
```

查询表 t1 与表 t3 相同的记录：

```
test=> select * from t1 where (id,data) in (select id,demo from t3);
 id | data
-------+----------
  2 |    b
(1 row)
```

查询表 t1 与表 t3 不相同的记录：

```
test=> select * from t1 where (id,data) not in (select id,demo from t3);
 id | data
-------+----------
  1 |    a
  3 |    c
  4 |    d
  5 |    e
(4 rows)
```

注意，in 左边的表达式结构要与右边的子查询结果的行结构一致（列的数量及每一列的数据类型都要相同）。子查询语句要尽量使用具体的字段名，避免用“*”代表查询字段。

3. any/some

any/some的比较逻辑与in类似，不同的是，any/some只能比较一个字段。in的比较只能是相同（=），而any/some的比较符号可以是=、>、>=、<、<=。比较结果只要有一个为true，则any/some的结果为true；当比较结果全部为false时，any/some的结果为false。

例如，表t1和表t2的数据情况如下：

```
test=> select * from t1;
 id | data
-------+---------
  1 |    a
  2 |    b
  3 |    c
  4 |    d
  5 |    e
(5 rows)
test=> select * from t2;
 id |  n
-------+---------
  2 | 100
  3 | 200
  5 | 400
(3 rows)
```

查询表t1的字段id大于表t2的字段id的记录：

```
test=> select * from t1 where id>some(select id from t2);
 id | data
-------+---------
  3 |    c
  4 |    d
  5 |    e
(3 rows)
```

4. all

all的用法与any/some一样。当比较结果全部为true时，all的结果为true；当比较结果有一个为false时，all的结果为false。

例如，表t1和表t2的数据情况如下：

```
test=> select * from t1;
```

```
 id | data
-------+---------
  1 |    a
  2 |    b
  3 |    c
  4 |    d
  5 |    e
(5 rows)
test=> select * from t2;
 id |  n
-------+---------
  2 | 100
  3 | 200
(2 rows)
```

查询表 t1 的字段 id 大于表 t2 的所有 id 的记录：

```
test=> select * from t1 where id>all(select id from t2);
 id | data
-------+---------
  4 |    d
  5 |    e
(2 rows)
```

7.2.4 数组表达式

1. in

in 的语法如下：

```
expression in (value [, …])
```

in 右侧的括号包含一个表达式列表。左侧表达式的结果与表达式列表的内容进行比较。如果表达式列表中有一项内容符合左侧表达式的结果，则 in 的结果为 true；如果没有相符的结果，则 in 的结果为 false。

例如：

```
test=> select 1+1 in(1,2,3,4,5);
 ?column?
----------
 t
(1 row)
```

```
test=> select 1+2 in(5,6,7,8);
 ?column?
----------
 f
(1 row)
```

例如，表t1和表t2的数据情况如下：

```
test=> select id from t1;
 id
-------
  1
  2
  3
  4
  5
(5 rows)
test=> select id from t2;
 id
-------
  2
  3
(2 rows)
test=> select id,id in(select id from t2) from t1;
 id | ?column?
-------+----------------
  1 |        f
  2 |        t
  3 |        t
  4 |        f
  5 |        f
(5 rows)
```

2. not in

not in的语法如下：

```
expression not in (value [, …])
```

not in与in的逻辑正好相反。如果表达式列表没有符合左侧表达式结果的内容，则not in的结果为true；如果有符合的内容，则not in的结果为false。

例如：

```
test=> select 1+1 not in(1,2,3,4,5);
 ?column?
----------
 f
(1 row)
test=> select 1+2 not in(5,6,7,8);
 ?column?
----------
 t
(1 row)
```

例如，表 t1 和表 t2 的数据情况如下：

```
test=> select id,id not in(select id from t2) from t1;
 id | ?column?
-------+---------------
  1 |       t
  2 |       f
  3 |       f
  4 |       t
  5 |       t
(5 rows)
```

3. any/some(array)

any/some(array) 的语法如下：

```
expression operator any/some (array expression)
```

any/some 右侧的括号中包含一个数组表达式。左侧表达式的结果使用操作符对数组表达式的每一个结果进行计算和比较，只要有一个比较结果为 true，则比较结果为 true；如果全部比较结果都为 false，则比较结果为 false。

例如：

```
test=> select 1+1>any(array[1,10]);
 ?column?
----------
 t
(1 row)
test=> select 1+1>any(array[5,10]);
 ?column?
```

```
----------
 f
(1 row)
```

例如，表t1和表t2的数据情况如下：

```
test=> select id,id>any(select id from t2) from t1;
 id | ?column?
-------+-----------------
  1 |        f
  2 |        f
  3 |        t
  4 |        t
  5 |        t
(5 rows)
```

4. all(array)

all(array)的语法如下：

```
expression operator all (array expression)
```

all(array)的比较逻辑与any/some(array)相反。当所有的比较结果都为true时，all(array)的比较结果为true；只要有一个比较结果为false，all(array)的比较结果为false。

例如：

```
test=> select 5+6>all(array[1,10]);
 ?column?
----------
 t
(1 row)
test=> select 5+6>all(array[10,15]);
 ?column?
----------
 f
(1 row)
```

例如，表t1和表t2的数据情况如下：

```
test=> select id,id>all(select id from t2) from t1;
 id | ?column?
-------+-----------------
  1 |        f
  2 |        f
```

```
  3 |        f
  4 |        t
  5 |        t
(5 rows)
```

7.2.5 行表达式

创建行表达式的语法如下：

```
row_constructor operator row_constructor
```

行表达式的操作符两边是行构造器，两行数据必须具有相同数量的数据列，每一列都进行比较，允许使用 =、<>、<、<=、>= 等操作符。数据列可以是表达式。

行表达式的数据元素比较规则跟字符串的比较规则非常类似，按照从左到右的顺序依次进行。

当两列数据元素中出现 null 时，返回结果 null（空）。

当两列数据元素相等时，进行下一列数据的比较（如果是最后一列数据，则返回比较结果）。

当两列数据元素不相等时，分以下两种情况。

- 比较符号为 <> 时，进行下一列数据比较（如果是最后一列数据，则返回结果 true）。
- 比较符号为其他（非 <>）时，返回比较结果。

例如：

```
test=> select row(1,1+1,3)<row(1,2,4);
 ?column?
----------
 t
(1 row)
test=> select row(1,null,3)<row(1,2,3);
 ?column?
----------

(1 row)
test=> select row(1,2,null)>=row(1,2,null);
 ?column?
----------

(1 row)
```

```
test=> select row(2,2,null)>=row(1,2,null);
 ?column?
----------
 t
(1 row)
```

注意，null 与任何数据（包括 null）比较的结果都是 null。

例如：

```
test=> select row(null,null,null)=row(null,null,null);
 ?column?
----------

(1 row)
test=> select row(null,null,null)<>row(null,null,null);
 ?column?
----------

(1 row)
```

7.3 DDL

DDL 主要用于创建、修改、删除数据对象。本节讲解数据库、表空间、模式、表等主要数据对象的定义，其他数据对象的定义在其他章节介绍。

7.3.1 定义数据库

1. 创建数据库

创建数据库的语法如下：

```
create database [if not exists] database_name
 [ [ with ] { [ owner [=] user_name ] |
 [ template [=] template ] |
 [ encoding [=] encoding ] |
 [ lc_collate [=] lc_collate ] |
 [ lc_ctype [=] lc_ctype ] |
 [ dbcompatibility [=] compatibilty_type ] |
 [ tablespace [=] tablespace_name ] |
 [ connection limit [=] connlimit ]}[...] ];
```

参数说明如下。

- database_name：数据库名称，应使用符合标识符要求的字符串。
- owner：数据库的所有者。当使用默认值时，新数据库的所有者是当前执行创建数据库操作的用户。
- template：创建数据库时使用的模板名称。目前仅支持 template0。
- encoding：指定数据库使用的字符编码。若不指定，默认使用模板数据库的编码。模板数据库 template0 的字符编码默认与操作系统环境相关。常用字符编码有 GBK、UTF8、Latin1 等。
- lc_collate：指定新数据库使用的字符集。该参数会影响对字符串的排序顺序。默认使用模板数据库的排序顺序。
- lc_ctype：指定新数据库使用的字符分类。该参数会影响到字符的分类，如英文大写字母、英文小写字母和数字。默认使用模板数据库的字符分类。
- dbcompatibility：指定兼容的数据库的类型，默认兼容 O。取值范围为 A、B、C、PG，分别表示兼容 O（Oracle）、MY（MySQL）、TD（Teradata）和 PostgreSQL。通过参数 sql_compatibility 可以查看数据库的兼容类型。
- tablespace：指定数据库对应的表空间。表空间必须事先创建好。
- connection limit：数据库并发连接数。默认值为 -1，表示没有限制。当连接用户数量超过连接数量时，不再接受新的数据库连接请求（当系统管理员连接数据库时不受此参数限制）。

注意，在事务中不支持创建数据库操作。

2. 修改数据库

修改数据库的操作如下。

修改数据库的最大连接数的语法如下：

```
alter database database_name [ [ with ] connection limit connlimit ];
```

修改数据库名称的语法如下：

```
alter database database_name rename to new_name;
```

修改数据库所有者的语法如下：

```
alter database database_name owner to new_owner;
```

修改数据库默认表空间的语法如下：

```
alter database database_name set tablespace new_tablespace;
```

修改数据库指定会话参数值的语法如下：

```
alter database database_name set configuration_parameter { { to | = } { value | default } | from current };
```

重置数据库配置参数的语法如下：

```
alter database database_name reset { configuration_parameter | all };
```

修改数据库对象隔离属性的语法如下：

```
alter database database_name [ with ] { enable | disable } private object;
```

> **说明**
>
> 修改数据库的对象隔离属性时须连接至该数据库。新创建的数据库对象隔离属性默认是关闭的。开启数据库对象隔离属性后，普通用户只能查看有权访问的对象（如表、函数、视图、字段等）。对象隔离属性对管理员用户无效。

删除数据库的语法如下：

```
drop database [ if exists ] database_name ;
```

注意事项如下。

- 只有数据库所有者或者被授予drop数据库权限的用户有权限执行drop database命令，系统管理员默认拥有此权限。
- 不能对系统默认安装的3个数据库（postgres、template0和template1）执行删除操作。
- 不能删除用户正在连接的数据库。
- 在事务中不支持drop database操作。

7.3.2 定义表空间

1. 创建表空间

创建表空间的语法如下：

```
create tablespace tablespace_name [ owner user_name ] [relative] location 'directory' [ maxsize 'space_size' ] [with_option_clause] | add datafile 'directory' ;
```

2. 修改表空间

修改表空间的操作如下。

重命名表空间的语法如下：

```
alter tablespace tablespace_name rename to new_tablespace_name;
```

设置表空间所有者的语法如下：

```
alter tablespace tablespace_name owner to new_owner;
```

设置表空间属性的语法如下：

```
alter tablespace tablespace_name set ( {tablespace_option = value} [, … ] );
```

重置表空间属性的语法如下：

```
alter tablespace tablespace_name reset ( { tablespace_option } [, …] );
```

设置表空间限额的语法如下：

```
alter tablespace tablespace_name resize maxsize { unlimited | 'space_size'};
```

其中，unlimited 表示该表空间不设置限额。

3. 删除表空间

删除表空间的语法如下：

```
drop tablespace [ if exists ] tablespace_name;
```

注意，在删除表空间之前，表空间里面不能有任何数据库对象，否则会报错：tablespace“XXXX”is not empty。

7.3.3 定义模式

1. 创建模式

根据指定的名称创建模式的语法如下：

```
create schema schema_name [ authorization user_name ] [with blockchain] [
schema_element [ … ] ];
```

根据用户名创建模式的语法如下：

```
create schema authorization user_name [ schema_element [ … ] ];
```

创建模式并指定默认字符集和字符序的语法如下：

```
create schema schema_name [ [default] character set | charset [ = ]
default_charset ] [ [default] collate [ = ] default_collation ];
```

参数说明如下。

- authorization user_name：指定模式的所有者。当不指定 schema_name 时，把 user_name 当作模式名，此时 user_name 只能是角色名。
- with blockchain：指定模式的防篡改属性，防篡改模式下的行存普通用户表将自动扩展为防篡改用户表。
- schema_element：在模式里创建对象的 SQL 语句。目前仅支持 create table、create view、create index、create partition、create sequence、create trigger、grant 子句。子命令所创建的对象为 authorization 子句指定的用户所拥有。
- default_charset：指定模式的默认字符集，单独指定时会将模式的默认字符序设置为指定字符集的默认字符序。仅在 sql_compatibility='B' 时支持该语法。
- default_collation：指定模式的默认字符序，单独指定时会将模式的默认字符集设置为指定字符序对应的字符集。仅在 sql_compatibility='B' 时支持该语法。

用户在创建模式时需要在当前数据库拥有 create 权限。系统管理员在普通用户同名 schema 下创建对象，对象所有者为 schema 的同名用户（非系统管理员）。

2. 修改模式

修改模式的防篡改属性的语法如下：

```
alter schema schema_name { with | without } blockchain
```

修改模式的名称的语法如下：

```
alter schema schema_name rename to new_name;
```

修改模式的所有者的语法如下：

```
alter schema schema_name owner to new_owner;
```

修改模式的默认字符集和字符序的语法如下：

```
alter schema schema_name [ [default] character set | charset [ = ] default_charset ] [ [default] collate [ = ] default_collation ];
```

3. 删除模式

删除模式的语法如下：

```
drop schema [ if exists ] schema_name [, …] [ cascade | restrict ];
```

参数说明如下。

- cascade：自动删除包含在模式中的对象。
- restrict：如果模式包含任何对象，则删除失败（默认行为）。

7.3.4 定义表

1. 创建表

创建表的语法如下：

```
create [ [ global | local ] [ temporary | temp ] | unlogged ] table [ if not exists ] table_name
    ({ column_name data_type [ character set | charset charset ] [ compress_mode ] [ collate collation ] [ column_constraint [ … ] ]
      | table_constraint
      | like source_table [ like_option [...] ] }
      [, … ])
    [ auto_increment [ = ] value ]
    [ [default] character set | charset [ = ] default_charset ] [ [default] collate [ = ] default_collation ]
    [ with ( {storage_parameter = value} [, … ] ) ]
    [ on commit { preserve rows | delete rows | drop } ]
    [ compress | nocompress ]
    [ tablespace tablespace_name ]
    [ comment {=| } 'text' ];
```

主要参数说明如下。

- unlogged：如果指定此关键字，则创建的表为非日志表。在非日志表中写入的数据不会被写入WAL中，执行效率比普通表快很多。但是非日志表在冲突、执行操作系统重启、数据库重启、主备切换、切断电源操作或异常关机后会被自动截断，存在数据丢失的风险。非日志表中的内容也不会被复制到备用服务器中。在非日志表中创建的索引也不会被自动记录。

- global | local：创建临时表时可以在 temp 或 temporary 前指定 global 或 local 关键字。如果指定 global 关键字，openGauss 数据库会创建全局临时表，否则创建本地临时表。
- temporary | temp：如果指定 temp 或 temporary 关键字，则创建的表为临时表。创建临时表时，如果指定 global 关键字，openGauss 数据库会创建全局临时表，否则创建本地临时表。
- with ({ storage_parameter = value } [, ...])：这个子句为表或索引指定一个可选的存储参数，如表 7-2 所示。

表 7-2　with ({ storage_parameter = value } [, ...]) 可选的存储参数

参数	描述	取值范围
fillfactor	一个表的填充因子（fillfactor）是一个介于 10 和 100 之间的百分数。100（完全填充）是默认值。如果指定了较小的填充因子，insert 操作仅按照填充因子指定的百分率填充表页。每个页上的剩余空间将用于在该页上的更新操作，这就使得 update 操作有机会在同一页上放置同一条记录的新版本，执行效率更高。对于一个从不更新的表，将填充因子设为 100 是最佳选择，但是对于频繁更新的表，选择较小的填充因子则更加合适（该参数对于列存表没有意义）	10~100
orientation	指定表数据的存储方式，即行式存储、列式存储，该参数设置成功后将无法修改	row 表示表的数据将以行式存储。行存储适合于 OLTP 业务，适用于查询或者增、删操作较多的场景 column 表示表的数据将以列式存储。列存储适合于数据仓库业务，此类型的表将用于进行大量的汇聚计算且涉及的列操作较少 默认值：若指定表空间为普通表空间，则默认值为 row
storage_type	指定存储引擎类型，该参数设置成功后将无法修改	ustore 表示表支持 USTDRE 存储引擎 astore 表示表支持 ASTORE 存储引擎 默认值为 astore

续表

参数	描述	取值范围
init_td	创建USTORE表时，指定初始化的TD个数，该参数只在创建USTORE表时才有效	2~128，默认值为4
compression	指定表数据的压缩级别，它决定了表数据的压缩比及压缩时间。一般来说，压缩级别越高，压缩比越大，压缩时间越长；反之亦然。实际压缩比取决于加载的表数据的分布特征。行存表默认增加compression=no字段	列存表的有效值为yes、no、low、middle、high，默认值为low
compresslevel	指定表数据同一压缩级别下的不同压缩水平，它决定了同一压缩级别下表数据的压缩比及压缩时间。总体来说，此值越大，表示同一压缩级别下压缩比越大，压缩时间越长；反之亦然	0~3，默认值为0
compresstype	行存表参数，设置行存表压缩算法。1代表pglz算法（不推荐使用），2代表zstd算法，默认不压缩。该参数生效后不允许修改。仅支持ASTORE存储引擎下的普通表	0~2，默认值为0
compress_level	行存表参数，设置行存表压缩算法等级，仅当compresstype为2时生效。压缩级别越高，表的压缩效果越好，表的访问速度越慢。该参数允许修改，修改后影响变更数据、新增数据的压缩级别。仅支持ASTORE存储引擎下的普通表	−31~31，默认值为0
compress_chunk_size	行存表参数，设置行存表压缩chunk数据块大小。chunk数据块越小，预期能达到的压缩效果越好，同时数据越离散，影响表的访问速度。该参数生效后不允许修改。仅支持ASTORE存储引擎下的普通表	与页面大小有关。在页面大小为8K场景时，取值范围为512、1024、2048、4096，默认值为4096

续表

参数	描述	取值范围
compress_prealloc_chunks	行存表参数，设置行存表压缩 chunk 数据块预分配数量。预分配数量越大，表的压缩率相对越小，离散度越小，访问性能越好。该参数允许修改，修改后影响变更数据、新增数据的预分配数量。仅支持 ASTORE 存储引擎下的普通表	0~7，默认值为 0

- compress | nocompress：创建新表时，需要在 create table 语句中指定关键字 compress，这样，当对该表进行批量插入时就会触发压缩特性。该特性会在页范围内扫描所有元组数据，生成字典、压缩元组数据并进行存储。指定关键字 nocompress 则不对表进行压缩。行存表不支持压缩。默认值为 nocompress。
- tablespace tablespace_name：创建新表时指定此关键字，表示新表将要在指定表空间内创建。如果没有声明，将使用默认表空间。
- commnet {=| } text：创建新表时指定此关键字，表示新表的注释内容。如果没有声明，则不创建注释。

2. 修改表定义

修改表定义的语法如下：

```
alter table [ if exists ] { table_name [*] | only table_name | only (
table_name ) } action [, … ];
```

其中，表操作 action 可以是以下子句之一：

```
column_clause
    | add table_constraint [ not valid ]
    | add table_constraint_using_index
    | validate constraint constraint_name
    | drop constraint [ if exists ]  constraint_name [ restrict | cascade ]
    | cluster on index_name
    | set without cluster
    | set ( {storage_parameter = value} [, … ] )
    | reset ( storage_parameter [, … ] )
    | owner to new_owner
    | set tablespace new_tablespace
    | set {compress|nocompress}
    | to { group groupname | node ( nodename [, … ] ) }
    | add node ( nodename [, … ] )
```

```
    | delete node ( nodename [, … ] )
    | disable trigger [ trigger_name | all | user ]
    | enable trigger [ trigger_name | all | user ]
    | enable replica trigger trigger_name
    | enable always trigger trigger_name
    | disable/enable [ replica | always ] rule
    | disable row level security
    | enable row level security
    | force row level security
    | no force row level security
    | encryption key rotation
    | inherit parents
    | no inherit parents
    | of type_name
    | not of
    | replica identity { default | using index index_name | full | nothing }
    | auto_increment [ = ] value
    | comment {=| } 'text'
    | alter index index_name [ visble | invisible ]
    | [ [ default ] character set | charset [ = ] default_charset ] [ [ default ] collate [ = ] default_collation ]
    | convert to character set | charset charset | default [ collate collation ]
    | modify column_name column_type on update current_timestamp
```

其中，与列相关的操作 column_clause 可以是以下子句之一：

```
add [ column ] column_name data_type [ character set | charset [ = ] charset ] [ compress_mode ] [ collate collation ] [ column_constraint [ … ] ] [ first | after column_name ]
  | modify column_name data_type
  | modify column_name [ constraint constraint_name ] not null [ enable ]
  | modify column_name [ constraint constraint_name ] null
  | modify [ column ] column_name data_type [ character set | charset [ = ] charset ] [{[ collate collation ] | [ column_constraint ]} [ … ] ] [first | after column_name]
  | change [ column ] old_column_name new_column_name data_type [ character set | charset [ = ] charset ] [{[ collate collation ] | [ column_constraint ]}
```

```
[ … ] ] [first | after column_name]
    | drop [ column ] [ if exists ] column_name [ restrict | cascade ]
    | alter [ column ] column_name [ set data ] type data_type [ collate
collation ] [ using expression ]
    | alter [ column ] column_name { set default expression | drop default }
    | alter [ column ] column_name { set | drop } not null
    | alter [ column ] column_name set statistics [percent] integer
    | add statistics (( column_1_name, column_2_name [, …] ))
    | delete statistics (( column_1_name, column_2_name [, …] ))
    | alter [ column ] column_name set ( {attribute_option = value} [, … ] )
    | alter [ column ] column_name reset ( attribute_option [, … ] )
    | alter [ column ] column_name set storage { plain | external | extended
| main }
```

3. 常用的修改表的操作

常用的修改表的操作如下。

操作 1：增加字段。

例如，表 t1 增加字段 c，数据类型为 varchar(20)：

```
test=# alter table t1 add c varchar(20);
alter table
```

操作 2：更改字段数据类型。

例如，更改表 t1 字段 c 的数据类型为 int：

```
test=# alter table t1 modify c int;
alter table
```

注意，如果该列已经有数据，更改字段数据类型要考虑现有数据能否转换成功。如果转换失败，则无法更改字段数据类型。

通常非字符类型改字符类型没问题，但字符类型改其他非字符类型则容易出现转换问题。例如：

```
test=# select 100::varchar;
 varchar
---------
 100
(1 row)
test=# select '100'::int;
 int4
------
```

```
  100
(1 row)
test=# select '100a'::int;
ERROR:  invalid input syntax for integer: "100a"
LINE 1: select '100a'::int;
```

操作 3：更改字段名。

```
test=# alter table t1 rename c to c1;
alter table
```

操作 4：对字段增加约束。

例如，对表 t1 的 c1 字段限制为大于 10 的数值：

```
test=# alter table t1 add check(c1>10);
alter table
```

操作 5：删除字段。

```
test=# alter table t1 drop c1;
alter table
```

4. 删除表

删除表的语法如下：

```
drop table [ if exists ] { [schema.]table_name } [, ...] [ cascade | restrict ] [ purge ];
```

主要参数说明如下。

- cascade：级联删除依赖于表的对象（如视图）。
- restrict（默认项）：如果存在依赖对象，则拒绝删除该表。
- purge：该参数针对回收站功能（把删除的表放入回收站）。表示 drop 表时不放入回收站，直接物理删除表。

7.4 DML

DML 主要有 insert（增加）、delete（删除）、update（修改）、select（查询）等操作。

7.4.1 insert

insert 语句用于向表中插入数据。

语法如下：

```
[with[recursive] with_query [, ...] ]
insert [/*+ plan_hint */] into table_name [partition_clause] [ as alias ] [ ( column_name [, ...] ) ]
```

```
    { default values
    | values {( { expression | default } [, …] ) }[, …]
    | query }
    [ on duplicate key update { nothing | { column_name = { expression |
default } } [, …] [ where condition ] }]
    [ returning {* | {output_expression [ [ as ] output_name ] }[, …]} ];
```

主要参数说明如下。

- with [recursive] with_query [, ...]：用于声明一个或多个可以在主查询中通过名称引用的子查询，相当于临时表。
- plan_hint：以 /*+ */ 的形式放在 insert 关键字后，用于对 insert 对应的语句块生成的计划进行 hint 调优。
- on duplicate key update：对于带有唯一约束（unique index 或 primary key）的表，如果插入数据违反唯一约束，则对冲突行执行 update 子句以完成更新；对于不带唯一约束的表，则仅执行插入。执行 update 操作时，若指定 nothing 则忽略此条插入，可通过 exclude. 或者 values() 来选择源数据相应的列。

7.4.2 delete

delete 语句用于从指定的表里删除满足 where 条件的记录。如果 where 子句不存在，将删除表中所有的记录。

语法如下：

```
delete from table_name [where condition];
```

如果是删除全部记录，推荐使用 truncate 语句，执行效率会更高。

例如：

```
test=# select pg_relation_filepath('t1');
 pg_relation_filepath
----------------------
 base/16397/33293
(1 row)
test=# truncate table t1;
truncate table
test=# select pg_relation_filepath('t1');
 pg_relation_filepath
----------------------
 base/16397/33311
(1 row)
```

可以看到，truncate表t1后，表t1的数据文件名也变了。这是因为truncate命令属于DDL语句，不是像delete语句那样去数据文件中逐条删除记录，而是直接将表t1原来的数据文件删除，重新创建一个新的数据文件。truncate操作产生的日志非常少，如果是USTORE存储引擎，产生的undo数据也非常少，因此执行速度非常快，在数据量大的场景中效果更明显。

7.4.3 update

update语句用于修改满足条件的所有记录中指定的字段值，所有满足where条件的指定的字段会被修改，没有出现在set子句中的字段则保持原值。

单表更新的语法如下：

```
[ with [ recursive ] with_query [, …] ]
update [/*+ plan_hint */] [ only ] table_name [ partition_clause ] [ * ] [
[ as ] alias ]
set {column_name = { expression | default }
    |( column_name [, …] ) = {( { expression | default } [, …] ) |sub_
query }}[, …]
    [ from from_list] [ where condition ]
    [ order by {expression [ [ asc | desc | using operator ]
    [ limit { count } ]
    [ returning {* | {output_expression [ [ as ] output_name ]} [, …] }];
```

多表更新的语法如下：

```
[ with [ recursive ] with_query [, …] ]
update [/*+ plan_hint */] table_list
set {column_name = { expression | default }
    |( column_name [, …] ) = {( { expression | default } [, …] ) |sub_
query }}[, …]
    [ from from_list] [ where condition ];
```

主要参数说明如下。

- with [recursive] with_query [, ...]：用于声明一个或多个可以在主查询中通过名称引用的子查询，相当于临时表。如果声明了recursive，那么允许select子查询通过名称引用它自己。其中with_query的详细格式为with_query_name [(column_name [, ...])] as [[not] materialized] ({select | values | insert | update | delete})。
- plan_hint：以/*+ */的形式放在update关键字后，用于对update对应的语句块生成的计划进行hint调优。
- alias：目标表的别名。

7.4.4 select

select 用于从表或视图中读取数据。

语法如下：

```
[ with [ recursive ] with_query [, …] ]
select [/*+ plan_hint */] [ all | distinct [ on ( expression [, …] ) ] ]
{ * | {expression [ [ as ] output_name ]} [, …] }
[ into_option ]
[ from from_item [, …] ]
[ where condition ]
[ [ start with condition ] connect by [nocycle] condition [ order siblings by expression ] ]
[ group by grouping_element [, …] ]
[ having condition [, …] ]
[ window {window_name as ( window_definition )} [, …] ]
[ { union | intersect | except | minus } [ all | distinct ] select ]
[ order by {expression [ [ asc | desc | using operator ] | nlssort_expression_clause ] [ nulls { first | last } ]} [, …] ]
[ limit { [offset,] count | all } ]
[ offset start [ row | rows ] ]
[ fetch { first | next } [ count ] { row | rows } only ]
[ into_option ]
[ {for { update | no key update | share | key share } [ of table_name [, …] ] [ nowait | wait n]} […] ]
[ into_option ];
```

主要参数说明如下。

- with [recursive] with_query [, ...]：用于声明一个或多个可以在主查询中通过名称引用的子查询，相当于只在主查询中存在的临时表。
- plan_hint：以 /*+ */ 的形式放在 select 关键字后，用于对 select 对应的语句块生成的计划进行 hint 调优。
- into：将查询结果输出到指定用户自定义变量或文件。
- from：为 select 声明一个或者多个源表。
- where：数据行记录选择表达式，用于缩小查询的范围。condition 是返回值为 bool 型的任意表达式，任何不满足该条件的行都不会被检索。
- start with：通常与 connect by 子句同时出现，数据进行层次递归遍历查询，start

with 代表递归的初始条件。若省略该子句，单独使用 connect by 子句，则表示以表中的所有行作为初始集合。

- connect by：代表递归连接条件，和 start with 子句一起使用，实现数据遍历递归的功能。
- group by：将查询结果按某一列或多列的值分组，值相等的为一组。
- having：与 group by 子句配合，用于选择特殊的组。having 子句将组的一些属性与一个常数值比较，只有满足 having 子句中的逻辑表达式的组才会被提取出来。
- window：指定窗口函数的行为。在处理窗口定义相同的窗口函数时，使用 window 子句，在 over 中引用，能使 SQL 语句更简单。
- order by：对查询语句检索得到的数据进行升序或降序排序。
- limit：由两个独立的子句组成。limit { count | all }, offset start count 声明返回的最大行数，而 start 声明开始返回行之前忽略的行数。如果两个都指定，会在开始计算 count 个返回行之前先跳过 start 行。
- offset：语法为 offset start { row | rows }，start 声明开始返回行之前忽略的行数。
- for update：将对 select 检索出来的行进行加锁，避免它们在当前事务结束前被其他事务修改或者删除。
- partition：查询某个分区表中相应分区的数据。

select 的常用语法如下：

```
select { * | [column, …] } [ from from_item [, …] ];
```

7.4.5 merge into

有时会遇到这样的场景：将表 A 的数据更新到表 B，如果表 B 中不存在相同的数据，则执行 insert 操作；如果表 B 中存在相同的数据，则执行 update 操作。

针对这种场景，通常需要分两步进行操作——insert 操作和 update 操作。通过一个 merge into 语句可以完成 insert 操作和 update 操作。

merge into 语句将目标表和源表中的数据按关联条件进行匹配，符合条件的对目标表进行 update 操作，不符合条件的则对目标表进行 insert 操作。此语法可以很方便地用于合并执行 update 操作和 insert 操作。

语法如下：

```
merge [/*+ plan_hint */] into table_name [ partition_clause ] [ [ as ] alias ]
using { { table_name | view_name } | subquery } [ [ as ] alias ]
on ( condition )
[ when matched then
  update set { column_name = { expression | subquery | default } |
```

```
        ( column_name [, …] ) = ( { expression | subquery | default } [,
…] ) } [, …]
    [ where condition ]
  ]
  [ when not matched then
    insert { default values |
    [ ( column_name [, …] ) ] values ( { expression | subquery | default } [,
…] ) [, …] [ where condition ] }
  ];
```

主要参数说明如下。

- plan_hint：以 /*+ */ 的形式放在 merge 关键字后，用于对 merge 对应的语句块生成的计划进行 hint 调优。
- into：指定正在更新或插入的目标表。
- alias：表的别名。
- using：指定源表。源表可以为表、视图或子查询。
- on：用于指定目标表和源表的关联条件。不支持更新关联条件中的字段。
- when matched：当源表和目标表中的数据针对关联条件相匹配时，选择 when matched 子句进行 update 操作。
- when not matched：当源表和目标表中的数据针对关联条件无法匹配时，选择 when not matched 子句进行 insert 操作。
- default：用对应字段的默认值填充该字段。如果没有默认值，则为 null。
- where condition：update 子句和 insert 子句的条件，只有在条件满足时才进行更新操作，采用默认设置即可。

例如，表 t1 和表 t2 的数据情况如下：

```
test=> select * from merge_t1;
 id | data
-------+---------
  1 |    a
  2 |    b
(2 rows)
test=> select * from merge_t2;
 id | d
-------+----
  1 | 1
  2 | 2
```

```
  3 | 3
  4 | 4
  5 | 5
(5 rows)
```

现在要将表t2中id大于1的数据插入表t1，对表t1中已存在的记录，如果id相同，则将表t2中的d字段数据更新到表t1的data字段。代码如下：

```
test=> merge into merge_t1 t1 using merge_t2 t2 on t1.id=t2.id
test-> when matched then
test-> update set t1.data=t2.d where t2.id>1
test-> when not matched then
test-> insert values(t2.id,t2.d) where t2.id>1;
merge 4
test=> select * from merge_t1;
 id | data
-------+---------
  1 |   a
  2 |   2
  3 |   3
  4 |   4
  5 |   5
(5 rows)
```

7.4.6 copy

copy用于在表和文件之间复制数据。

copy...from表示从一个文件复制数据到一个表；copy...to表示把一个表的数据复制到一个文件。也可以指定输入、输出设备：stdin声明输入是标准输入，“\.”表示结束，关键字delimiter定义每列数据的分隔符；stdout声明输出是标准输出。stdin、stdout默认是屏幕。例如：

```
test=> create table b(id int,demo varchar2(20));
create table
test=> copy b from stdin delimiter ',';
Enter data to be copied followed by a newline.
End with a backslash and a period on a line by itself.
>> 1,a
>> 2,b
```

```
>> \.
test=> select * from b;
 id | demo
-------+---------
  1 |    a
  2 |    b
(2 rows)
test=> copy b to stdout delimiter ',';
1,a
2,b
```

如果要从文件中输入数据或将数据输出到文件上，需要具备管理员权限。当参数 enable_copy_server_files 关闭时，则只允许初始用户从文件导入或导出。例如，使用初始用户 omm 将服务器文件导入数据库：

```
test=# \d a
               Table "public.a"
 Column |           Type            | Modifiers
-------------+-----------------------------------+---------------
     id |                integer |
   demo | character varying(20) |
test=# select * from a;
 id
----
(0 rows)
```

在服务器上创建数据文件 x.txt：

```
[omm@localhost ~]$ cat x.txt
1,A
2,B
```

使用 copy 命令导入数据：

```
test=# copy a from '/home/omm/x.txt' delimiter ',';
copy 2
test=# select * from a;
 id | demo
-------+---------
  1 |    A
  2 |    B
```

```
(2 rows)
```

使用 copy 命令导出数据到服务器文件中：

```
test=# copy a to '/home/omm/y.txt' delimiter ',';
copy 2
```

查看导出的文件：

```
[omm@localhost ~]$ cat y.txt
1,A
2,B
```

也可以对导出的数据进行筛选，导出文件也可以加上字段名：

```
test=# copy (select * from a where id=1) to '/home/omm/z.txt' with csv header;
copy 1
```

查看导出的 csv 文件：

```
[omm@localhost ~]$ cat z.txt
id,demo
1,A
```

7.5 DCL

DCL 主要用于创建用户或角色，设置或更改数据库用户或角色权限，以及控制数据库事务。

7.5.1 定义用户 / 角色

用户和角色是拥有数据库对象和权限的实体，可以将角色看作没有登录（login）权限的用户。

注意事项如下。

- 创建用户/角色的用户必须具备 create user/role 权限或者是系统管理员。
- 通过 create user 创建的用户，默认具有 login 权限。
- 通过 create user 创建用户的同时，系统会在执行该命令的数据库中为该用户创建一个同名的 schema。
- 系统管理员在普通用户同名 schema 下创建的对象，所有者为 schema 的同名用户（非系统管理员）。

定义用户 / 角色的操作如下。

- 创建用户 / 角色。
- 修改用户 / 角色。
- 删除用户 / 角色。

更多详情可参考第 4 章的内容。

7.5.2 授权

使用 grant 命令进行用户授权的场景包括以下 4 种。

1. 将系统权限授权给角色或用户

系统权限又称为用户属性，包括 sysadmin、createdb、createrole、auditadmin、monadmin、opradmin、poladmin 和 login。

系统权限一般通过 create/alter role 语法指定。其中，sysadmin 权限可以通过 grant/revoke all privilege 授予或撤销。但系统权限无法通过 role 和 user 的权限被继承，也无法授予 public。

2. 将数据库对象授权给角色或用户

grant 命令的应用场景是将数据库对象（表和视图、指定字段、数据库、函数、模式、表空间等）的相关权限授予特定角色或用户。这些权限会追加到已有的权限上。

关键字 public 表示该权限要赋予所有角色，包括以后创建的用户。public 可以看作一个隐含定义好的组，它总是包括所有角色。任何角色或用户都将拥有通过 grant 命令直接赋予的权限和所属的权限，再加上 public 的权限。

如果声明了 with grant option，则被授权的用户也可以将此权限赋予他人，否则不能授权给他人。这个选项不能赋予 public，这是 openGauss 数据库特有的属性。

public 默认的权限有数据库的 connect 权限和 create temp table 权限、函数的 execute 特权、语言和数据类型（包括域）的 usage 特权。这些初始的默认权限可以使用 alter default privileges 命令修改。

对象的所有者默认具有该对象上的所有权限，出于安全考虑，所有者可以舍弃部分权限，但 alter、drop、comment、index、vacuum 以及对象的可再授予权限属于所有者固有的权限。

3. 将角色或用户的权限授权给其他角色或用户

将一个角色或用户的权限授权一个或多个其他角色或用户。在这种情况下，每个角色或用户都可视为拥有一个或多个数据库权限的集合。

如果声明了 with admin option，则被授权的用户可以将该权限再次授权其他角色或用户，以及撤销所有由该角色或用户继承的权限。当授权的角色或用户发生变更或被撤销时，所有继承该角色或用户权限的用户拥有的权限都会随之发生变更。

数据库系统管理员可以给任何角色或用户授予/撤销任何权限。拥有 createrole 权限的角色可以赋予或者撤销任何非系统管理员角色的权限。

4. 将 any 权限授予角色或用户

将 any 权限授予特定的角色和用户，any 权限的取值范围参见相关语法。如果声明了 with admin option，则被授权的用户可以将该 any 权限再次授权其他角色/用户，或从其他角色/用户处收回该any权限。any权限可以通过角色被继承，但不能赋予public。初始用户和三权分立关闭时的系统管理员用户可以给任何角色/用户授予或撤销any权限。

目前，支持的ANY权限包括create any table、alter any table、drop any table、select any table、insert any table、update any table、delete any table、create any sequence、create any index、create any function、execute any function、create any package、execute any package、create any type、alter any type、drop any type、alter any sequence、drop any sequence、select any sequence、alter any index、drop any index、create any synonym、drop any synonym、create any trigger、alter any trigger和drop any trigger。

注意事项如下。

- 不允许将any权限授予public，也不允许从public收回any权限。
- any权限属于数据库内的权限，只对授予该权限的数据库内的对象有效，例如select any table只允许用户查看当前数据库内的所有用户表数据，对其他数据库内的用户表无查看权限。
- 即使用户被授予any权限，也不能对私有用户下的对象进行访问操作（insert、delete、update、select）。
- any权限与原有的权限相互无影响。
- 如果用户被授予create any table权限，在同名schema下创建表的属主是该schema的属主，用户对表进行其他操作时，需要授予相应的操作权限。与此类似的还有create any function、create any package、create any type、create any sequence和create any index，在同名模式下创建的对象的属主是同名模式的属主；而对于create any trigger和create any synonym，在同名模式下创建的对象的属主为创建者。
- 需要谨慎授予用户create any function或create any package的权限，以免其他用户利用definer类型的函数或package进行权限提升。

常用操作的语法如下。

将表或视图的访问权限赋予指定的用户或角色的语法如下：

```
grant { { select | insert | update | delete | truncate | references |
alter | drop | comment | index | vacuum } [, …] | all [ privileges ] }
    on { [ table ] table_name [, …] | all tables in schema schema_name [, …] }
    to { [ group ] role_name | public } [, …]
    [ with grant option ];
```

将表中字段的访问权限赋予指定的用户或角色的语法如下：

```
grant { {{ select | insert | update | references | comment } ( column_
name [, …] )} [, …] | all [ privileges ] ( column_name [, …] ) }
    on [ table ] table_name [, …]
```

```
to { [ group ] role_name | public } [, …]
[ with grant option ];
```

将序列的访问权限赋予指定的用户或角色的语法如下：

```
grant { { select | update | usage | alter | drop | comment } [, …] | all
[ privileges ] }
on { [ [ large ] sequence ] sequence_name [, …] | all sequences in schema
schema_name [, …] }
to { [ group ] role_name | public } [, …]
[ with grant option ];
```

将数据库的访问权限赋予指定的用户或角色的语法如下：

```
grant { { create | connect | temporary | temp | alter | drop | comment } [, …]
| all [ privileges ] }
on database database_name [, …]
to { [ group ] role_name | public } [, …]
[ with grant option ];
```

将函数的访问权限赋予指定的用户或角色的语法如下：

```
grant { { execute | alter | drop | comment } [, …] | all [ privileges ] }
on { function {function_name ( [ {[ argmode ] [ arg_name ] arg_type} [, …]
] )} [, …] | all functions in schema schema_name [, …] }
to { [ group ] role_name | public } [, …]
[ with grant option ];
```

将存储过程的访问权限赋予指定的用户或角色的语法如下：

```
grant { { execute | alter | drop | comment } [, …] | all [ privileges ] }
on { procedure {proc_name ( [ {[ argmode ] [ arg_name ] arg_type} [, …] ]
)} [, …]}
to { [ group ] role_name | public } [, …]
[ with grant option ];
```

将过程语言的访问权限赋予指定的用户或角色的语法如下：

```
grant { usage | all [ privileges ] }
on language lang_name [, …]
to { [ group ] role_name | public } [, …]
[ with grant option ];
```

将模式的访问权限赋予指定的用户或角色的语法如下：

```
grant { { create | usage | alter | drop | comment } [, …] | all
[ privileges ] }
```

```
on schema schema_name [, …]
to { [ group ] role_name | public } [, …]
[ with grant option ];
```

将模式中的表或者视图对象授权给其他用户时，需要将表或视图所属的模式的usage权限同时授予该用户，若没有该权限，则用户只能看到这些对象的名称，并不能实际进行对象访问。同名模式下创建表的权限无法通过此语法赋予，可以通过将角色的权限赋予其他用户或角色的语法，赋予同名模式下创建表的权限。

将类型的访问权限赋予指定的用户或角色的语法如下：

```
grant { { usage | alter | drop | comment } [, …] | all [ privileges ] }
on type type_name [, …]
to { [ group ] role_name | public } [, …]
[ with grant option ];
```

将directory对象的权限赋予指定的角色的语法如下：

```
grant { { read | write | alter | drop } [, …] | all [privileges] }
on directory directory_name [, …]
to { [group] role_name | public } [, …]
[with grant option];
```

将角色的权限赋予其他用户或角色的语法如下：

```
grant role_name [, …]
to role_name [, …]
[ with admin option ];
```

将sysadmin权限赋予指定的角色的语法如下：

```
grant all { privileges | privilege }
to role_name;
```

将any权限赋予其他用户或角色的语法如下：

```
grant { create any table | alter any table | drop any table | select any
table | insert any table | update any table | delete any table | create any
sequence | create any index | create any function | execute any function |
create any package | execute any package | create any type | alter any type |
drop any type | alter any sequence | drop any sequence | select any sequence
| alter any index | drop any index | create any synonym | drop any synonym |
create any trigger | alter any trigger | drop any trigger } [, …]
to [ group ] role_name [, …]
[ with admin option ];
```

7.5.3 收回权限

revoke 命令用于撤销一个或多个角色的权限。

常用操作的语法如下。

收回指定表或视图上权限的语法如下：

```
revoke [ grant option for ]
{ { select | insert | update | delete | truncate | references | alter |
drop | comment | index | vacuum }[, …] | all [ privileges ] }
on { [ table ] table_name [, …] | all tables in schema schema_name [, …] }
from { [ group ] role_name | public } [, …]
[ cascade | restrict ];
```

收回表上指定字段权限的语法如下：

```
revoke [ grant option for ]
{ {{ select | insert | update | references | comment } ( column_name [, …] )}
[, …] | all [ privileges ] ( column_name [, …] ) }
on [ table ] table_name [, …]
from { [ group ] role_name | public } [, …]
[ cascade | restrict ];
```

收回指定序列上权限的语法如下：

```
revoke [ grant option for ]
{ { select | update | alter | drop | comment }[, …] | all [ privileges ] }
on { [ [ large ] sequence ] sequence_name [, …] | all sequences in schema
schema_name [, …] }
from { [ group ] role_name | public } [, …]
[ cascade | restrict ];
```

收回指定数据库上权限的语法如下：

```
revoke [ grant option for ]
{ { create | connect | temporary | temp | alter | drop | comment } [, …]
| all [ privileges ] }
on database database_name [, …]
from { [ group ] role_name | public } [, …]
[ cascade | restrict ];
```

收回指定目录上权限的语法如下：

```
revoke [ grant option for ]
{ { read | write | alter |drop } [, …] | all [ privileges ] }
```

```
on directory directory_name [, …]
from { [ group ] role_name | public } [, …]
[ cascade | restrict ];
```

收回指定外部数据源上权限的语法如下：

```
revoke [ grant option for ]
{ usage | all [ privileges ] }
on foreign data wrapper fdw_name [, …]
from { [ group ] role_name | public } [, …]
[ cascade | restrict ];
```

收回指定外部服务器上权限的语法如下：

```
revoke [ grant option for ]
{ { usage | alter | drop | comment } [, …] | all [ privileges ] }
on foreign server server_name [, …]
from { [ group ] role_name | public } [, …]
[ cascade | restrict ];
```

收回指定函数上权限的语法如下：

```
revoke [ grant option for ]
{ { execute | alter | drop | comment } [, …] | all [ privileges ] }
on { function {function_name ( [ {[ argmode ] [ arg_name ] arg_type} [, …]
] )} [, …] | all functions in schema schema_name [, …] }
from { [ group ] role_name | public } [, …]
[ cascade | restrict ];
```

收回指定存储过程上权限的语法如下：

```
revoke [ grant option for ]
{ { execute | alter | drop | comment } [, …] | all [ privileges ] }
on { procedure {proc_name ( [ {[ argmode ] [ arg_name ] arg_type} [, …] ]
)} [, …] | all procedure in schema schema_name [, …] }
from { [ group ] role_name | public } [, …]
[ cascade | restrict ];
```

收回指定过程语言上权限的语法如下：

```
revoke [ grant option for ]
{ usage | all [ privileges ] }
on language lang_name [, …]
from { [ group ] role_name | public } [, …]
[ cascade | restrict ];
```

收回指定模式上权限的语法如下：

```
revoke [ grant option for ]
{ { create | usage | alter | drop | comment } [, …] | all [ privileges ] }
on schema schema_name [, …]
from { [ group ] role_name | public } [, …]
[ cascade | restrict ];
```

收回指定表空间上权限的语法如下：

```
revoke [ grant option for ]
{ { create | alter | drop | comment } [, …] | all [ privileges ] }
on tablespace tablespace_name [, …]
from { [ group ] role_name | public } [, …]
[ cascade | restrict ];
```

收回指定类型上权限的语法如下：

```
revoke [ grant option for ]
{ { usage | alter | drop | comment } [, …] | all [ privileges ] }
on type type_name [, …]
from { [ group ] role_name | public } [, …]
[ cascade | restrict ];
```

按角色收回角色上的权限的语法如下：

```
revoke [ admin option for ]
role_name [, …] from role_name [, …]
[ cascade | restrict ];
```

收回角色上的 sysadmin 权限的语法如下：

```
revoke all { privileges | privilege } from role_name;
```

收回 any 权限的语法如下：

```
revoke [ admin option for ]
  { create any table | alter any table | drop any table | select any
table | insert any table | update any table | delete any table | create any
sequence | create any index | create any function | execute any function |
create any package | execute any package | create any type | alter any type |
drop any type | alter any sequence | drop any sequence | select any sequence
| alter any index | drop any index | create any synonym | drop any synonym |
create any trigger | alter any trigger | drop any trigger } [, …]
   from [ group ] role_name [, …];
```

7.6　视图和物化视图

为了减少数据冗余、方便维护数据一致性，事务型数据库的设计一般至少要达到第三范式的要求，即每个基本表中只存储与主键相关的数据。为了查询到更多的完整信息，往往要将多个基本表的数据进行关联、筛选、计算，这样的查询 SQL 语句往往是比较复杂、冗长的。为了方便查询、重复利用代码，可以将这些复杂查询 SQL 语句定义成视图。

7.6.1　视图

视图是一个虚拟的表。数据库中仅存放视图的定义，数据仍存放在原来的基本表中。基本表中的数据发生变化时，从视图中查询的数据也随之改变。因此，视图中的数据跟基本表中的数据始终是一致的。

1. 创建视图

创建视图的语法如下：

```
create [ temp | temporary ] view view_name [ ( column_name [, …] ) ] as query;
```

其中，query 为查询 SQL 语句。选项 temp|temporary 表示创建的是临时视图。临时视图只存在当前会话中。

例如，表 t1 和 t2 的数据情况如下：

```
test=> select * from t1;
 id | data
-------+---------
  1 |    a
  2 |    b
  3 |    c
  4 |    d
  5 |    e
(5 rows)
test=> select * from t2;
 id |  n
-------+-------
  2 | 100
  3 | 200
(2 rows)
```

对表 t1 和表 t2 进行关联查询：

```
test=> select t1.id,t1.data,t2.n from t1,t2 where t1.id=t2.id;
```

```
 id | data |  n
-------+-----------+-------
  2 |    b | 100
  3 |    c | 200
(2 rows)
```

创建表 t1 和表 t2 的关联查询视图：

```
test=> create view v_t1_t2 as select t1.id,t1.data,t2.n from t1,t2 where t1.id=t2.id;
create view
test=> select * from v_t1_t2;
 id | data |  n
-------+-----------+-------
  2 |    b | 100
  3 |    c | 200
(2 rows)
```

openGauss 数据库不支持对视图中的数据进行更新。直接对视图进行 insert、update、delete 等操作时，系统会报如下的错误信息：

```
DETAIL: Views that do not select from a single table or view are not automatically updatable.
```

因为视图仅保存了查询语句，数据还是保存在相关的各个基本表中。如果要对视图中的数据进行更新，可以创建触发器，将数据更新到相关的基本表中。

2. 删除视图

删除视图的语法如下：

```
drop view  view_name ;
```

例如：

```
test=> drop view v_t1_t2;
drop view
```

删除视图时仅删除了视图的定义，相关的基本表不受影响。

视图可以把复杂的查询 SQL 语句保存下来，方便重复使用。而且，视图保存的是解析过的 SQL 语句，重复使用时无须再次解析视图定义的 SQL 语句，执行效率也会有所提高。可以考虑将执行频率较高的复杂 SQL 语句创建成视图。

7.6.2　物化视图

虽然视图使用起来很方便，但如果视图的计算逻辑过于复杂、参与计算的数据量很大，查询时间就会很长。在要求快速响应的场景中，可以考虑使用物化视图技术。

视图是虚表，而物化视图是一个实表（物理表），其中不光存储了查询 SQL 语句，还存储了查询结果集。当对物化视图进行查询时，是直接查询这些事先存储的结果集，因此查询速度很快。

当查询 SQL 语句中的基本表中的数据发生变化时，还须手动执行命令，才能更新物化视图中的数据，这一点还须进一步完善。

此外，openGauss 数据库的物化视图也不能建立在临时表上，目前也不支持采用 USTORE 存储引擎的表。

openGauss 数据库的物化视图根据刷新方式分为两种——全量物化视图和增量物化视图。

1. 全量物化视图

全量物化视图支持对已创建的物化视图进行全量更新，不支持进行增量更新。

创建全量物化视图的语法如下：

```
create materialized view view_name AS query;
```

例如：

```
test=> select * from t1;
 id | data
-------+---------
  1 |    a
  2 |    b
  3 |    c
  4 |    d
  5 |    e
(5 rows)
test=> create materialized view mv_t1 as select * from t1;
create materialized view
test=> select * from mv_t1;
 id | data
-------+---------
  1 |    a
  2 |    b
  3 |    c
  4 |    d
  5 |    e
(5 rows)
```

全量刷新物化视图的语法如下：

```
refresh materialized view [ view_name ];
```

删除表 t1 中 id 等于 1 的数据：

```
test=> delete from t1 where id=1;
delete 1
test=> select * from t1;
 id | data
-------+---------
  2 |    b
  3 |    c
  4 |    d
  5 |    e
(4 rows)
```

查看物化视图，数据没有发生变化：

```
test=> select * from mv_t1;
 id | data
-------+---------
  1 |    a
  2 |    b
  3 |    c
  4 |    d
  5 |    e
(5 rows)
```

全量刷新物化视图：

```
test=> refresh materialized view mv_t1;
refresh materialized view
```

再次查看物化视图，此时数据发生了变化：

```
test=> select * from mv_t1;
 id | data
-------+---------
  2 |    b
  3 |    c
  4 |    d
  5 |    e
(4 rows)
```

删除物化视图的语法如下：

```
drop materialized view [ view_name ];
```

例如：

```
test=> drop materialized view mv_t1;
drop materialized view
```

2. 增量物化视图

增量物化视图可以对物化视图进行全量和增量刷新。增量刷新可应用在数据更新量大的场景中。

创建增量物化视图的语法如下：

```
create incremental materialized view  view_name AS query ;
```

增量刷新物化视图的语法如下：

```
refresh incremental materialized view [ view_name ];
```

增量物化视图的全量刷新和删除的语法与全量物化视图一致。

注意事项如下。

- 目前增量物化视图创建语句仅支持单个基本表的扫描语句或者多个基本表的合并（union all）操作，不支持多个基本表的关联（join）操作。
- 刷新物化视图的操作属于 DDL 命令，在事务中刷新物化视图会将物化视图锁定，阻塞其他会话访问该物化视图。

第8章 常用函数

openGauss 数据库提供了大量的函数以方便用户使用。这些函数功能强大，读者熟练掌握后可以极大地减少代码书写量、提高工作效率和 SQL 的执行效率。

8.1 数值函数

1. abs(x)

功能描述：返回绝对值。

例如：

```
test=> select abs(394.2),abs(-593.2);
  abs   |  abs
--------+-------
 394.2 | 593.2
(1 row)
```

2. ceil(x)、ceiling(x)

功能描述：返回不小于（大于或等于）参数 x 的最小的整数。

例如：

```
test=> select ceil(98.2),ceil(-98.2);
 ceil | ceil
------+------
   99 |  -98
(1 row)
```

如果参数 x 为字符型数据，函数会先将其转换为数值。例如：

```
test=> select ceil('98.2'),ceil('-98.2');
 ceil | ceil
------+------
   99 |  -98
(1 row)
```

注意，字符型数据要保证能正确转换为数值，否则会报错。

3. floor(x)

功能描述：返回不大于（小于或等于）参数的最大整数。如果参数 x 为字符型数据，函数会先将其转换为数值。例如：

```
test=> select floor('98.2'),floor('-98.2');
 floor | floor
-----------+------------
    98 |   -99
(1 row)
test=> select floor(98.2),floor(-98.2);
 floor | floor
-----------+------------
   98 |    -99
(1 row)
```

4. div(y numeric, x numeric)

功能描述：返回 y 除以 x 的商的整数部分。

例如：

```
test=> select div(8,3),div(9.9,3.4);
 div | div
---------+--------
   2 |   2
(1 row)
```

5. random()

功能描述：返回 0.0 到 1.0 之间的随机数。

例如：

```
test=> select random();
      random
------------------
 .346761354710907
(1 row)
```

6. mod(x, y)

功能描述：等同于操作符“%”，返回 x/y 的余数。

例如：

```
test=> select mod(100,30),100%30;
 mod | ?column?
---------+---------------
```

```
  10 |       10
(1 row)
```

7. round(v numeric, s int)

功能描述：保留小数点后 s 位，s 位后一位进行四舍五入。

如果省略参数 s，则返回距离输入参数最近的整数（四舍五入）。

例如：

```
test=> select round(9.7465,2),round(9.7465),round(9.2);
 round | round | round
-------+-------+-------
  9.75 |    10 |     9
(1 row)
```

8. trunc(v numeric, s int)

功能描述：保留参数的 s 位小数。如果参数是字符型数据，则会先将其转换为数值。

如果省略参数 s，则返回参数的整数部分。

例如：

```
test=> select trunc(98.5467,2),trunc(98.54),trunc('98.54'),trunc(-98.54);
 trunc | trunc | trunc | trunc
-------+-------+-------+-------
 98.54 |    98 |    98 |   -98
(1 row)
```

9. sign(x)

功能描述：输出此参数的符号。

返回值类型：-1 表示负数；0 表示 0；1 表示正数。

例如：

```
test=> select sign(9),sign(0),sign(-9);
 sign | sign | sign
------+------+------
    1 |    0 |   -1
(1 row)
```

10. power(a double precision, b double precision)

功能描述：返回 a 的 b 次幂。

例如：

```
test=> select power(3,3), power(3,1/2), power(3,1/3);
 power |      power       |      power
-------+------------------+------------------
```

```
    27 | 1.73205080756888 | 1.44224957030741
(1 row)
```

8.2　字符函数

openGauss 数据库提供的字符处理函数非常丰富，主要用于字符串与字符串、字符串与非字符串之间的连接，以及字符串的模式匹配操作。

注意，在字符串处理函数中，除了长度相关函数以外，其他的函数和操作符均不支持将大于 1GB 的 clob 类型的数据作为参数。

其中，涉及正则表达式的内容请参考 8.4 节。

8.2.1　字符串拼接函数

1. concat

通常可以使用操作符“||”进行字符串的拼接，也可以使用函数 concat。在字符串拼接过程中，null 按空字符串处理。

例如：

```
test=> select concat('a', null, 'bc'),'a'||null||'bc';
 concat | ?column?
--------------+-----------------
   abc |      abc
(1 row)
```

2. concat_ws(sep text, str"any" [, str"any" [, ...]])

功能描述：以第一个参数为分隔符链接第二个以后的所有参数。null 参数被忽略。

例如，以“:”为分隔符，将多个字符串拼接：

```
test=> select concat_ws(':', 'ab', 'cd', null, 'e');
 concat_ws
-----------
 ab:cd:e
(1 row)
```

8.2.2　字符串查找函数

1. instr(text, text, int, int)

功能描述：返回在参数 1 中查找参数 2（子字符串）的位置。第一个 int 表示匹配的起始位置（默认值为 1），第二个 int 表示匹配的次数（默认值为 1）。

例如，从字符串“123451234512345”位置 1 开始，查找子字符串“234”第二次出现的位置：

```
test=> select instr('123451234512345', '234', 1, 2);
 instr
-------
 7
(1 row)
```

查找子字符串第一次出现的位置：

```
test=> select instr('123451234512345', '234', 1);
 instr
-------
 2
(1 row)
```

省略查找起始位置：

```
test=> select instr('123451234512345', '234');
 instr
-------
 2
(1 row)
```

2. left(str text, n int)

功能描述：返回字符串的前n个字符。当n是负数时，返回除了最右的|n|个字符以外的所有字符。

例如：

```
test=> select left('1234567890', 2),left('1234567890', -2);
 left |   left
-----------+---------------
    12 | 12345678
(1 row)
```

3. right(str text, n int)

功能描述：返回字符串的后n个字符。当n是负值时，返回除了最左的|n|个字符以外的所有字符。

例如：

```
test=> select right('1234567890',2),right('1234567890',-2);
 right |  right
-------------+--------------
    90 | 34567890
```

```
(1 row)
```

4. position(substring in string)

功能描述：返回指定子字符串的位置，若字符串不存在则返回 0。

例如：

```
test=> select position('45' in '1234567890'),position('x' in 'abcde');
 position | position
----------+----------
        4 |        0
(1 row)
```

5. strpos(string, substring)

功能描述：返回指定的子字符串的位置。其功能和 position 函数一样，不过参数位置顺序相反。

例如：

```
test=> select strpos('1234567890','45'),strpos('abcde','x');
 strpos | strpos
--------+--------
      4 |      0
(1 row)
```

6. substring_inner(string, [from int] [, for int])

功能描述：截取子字符串。from int 表示从第几个字符开始截取；for int 表示截取几个字符（若省略，则表示截取全部字符串）。

例如：

```
test=> select substring_inner('1234567890',4,2);
 substring_inner
-----------------
 45
(1 row)
test=> select substring_inner('1234567890',4);
 substring_inner
-----------------
 4567890
(1 row)
```

功能类似的函数还有 substrb、substr。

7. substring(string from pattern)

功能描述：截取匹配 POSIX 正则表达式的首次出现的子字符串，若没有匹配，则返回空值。

例如，查找字符串中的数字串：

```
test=> select substring('abcd123xyz456' from '[0-9]+');
 substring
-----------
 123
(1 row)
```

查找字符串中的大写字母子字符串：

```
test=> select substring('12345abcde7890ABCxyz' from '[A-Z]+');
 substring
-----------
 ABC
(1 row)
```

查找字符串中的汉字串：

```
test=> select substring('abcd1234我们ABCD7890' from '[一-龟]+');
 substring
-----------
 我们
(1 row)
```

注意，“[一 - 龟]”表达式常用于匹配一系列连续的汉字字符。

8. split_part(string text, delimiter text, n int)

功能描述：根据 delimiter 分隔 string 返回生成的第 n 个子字符串（以出现第一个 delimiter 的 text 为基础）。

例如：

```
test=> select split_part('abc|123|ABC','|',1);
 split_part
------------
 abc
(1 row)
test=> select split_part('abc|123|ABC','|',2);
 split_part
------------
 123
(1 row)
test=> select split_part('abc|123|ABC','|',3);
```

```
 split_part
------------
 ABC
(1 row)
```

8.2.3　字符串替换函数

1. btrim(string text [, characters text])

功能描述：将字符串最左、最后的指定子字符串删除，子字符串默认为空格。

例如：

```
test=> select btrim('123abcde123123','123'),btrim(' abcde ');
 btrim | btrim
-------------+-----------
 abcde | abcde
(1 row)
```

此函数功能与 trim 函数类似。

2. ltrim(string text [, characters text])

功能描述：删除字符串左侧的指定子字符串，子字符串默认为空格。

例如：

```
test=> select ltrim('123abcd123','123');
  ltrim
---------
 abcd123
(1 row)
```

3. rtrim(string text [, characters text])

功能描述：删除字符串右侧的指定子字符串，子字符串默认为空格。

例如：

```
test=> select rtrim('123abcd123','123');
  rtrim
---------
 123abcd
(1 row)
```

4. replace(string text, from text, to text)

功能描述：将字符串中的特定子字符串替换成指定的字符串。

例如：

```
test=> select replace('abcd123abc123x','123','ABC');
```

```
   replace
----------------
 abcdABCabcABCx
(1 row)
```

如果未指定参数 3（替换字符串），则执行删除操作。

```
test=> select replace('abcd123abc123x','123');
 replace
----------------
 abcdabcx
(1 row)
```

5. translate(string text, from text, to text)

功能描述：将字符串中特定的字符替换成指定的字符，参数 2 表示需要替换的字符集，参数 3 表示对应参数 2 的替换字符集。

例如，将字符串中的数字“1234567890”替换成“ABCDEFGHIJ”：

```
test=> select translate('abc1d23e59f01x2','1234567890','ABCDEFGHIJ');
   translate
-----------------
 abcAdBCeEIfJAxB
(1 row)
```

如果参数 3 中的字符数量小于参数 2 中的字符数量，则未对应的字符将会被删除。

例如，将字符串中的“1234”等字符替换成“ABCD”，其他数字则删除：

```
test=> select translate('abc1d23e59f01x2','1234567890','ABCD');
  translate
-----------------
 abcAdBCefAxB
(1 row)
```

6. lpad(string text, length int [, fill text])

功能描述：将填充字符 fill（默认时为空白）填充在 string 的左侧，使 string 填充后的长度为 length。如果 string 的长度超过 length，则将其尾部截断。

例如：

```
test=> select lpad('abc',5,'*'),lpad('abcdefgh',5,'*');
 lpad  | lpad
-------------+----------
 **abc | abcde
(1 row)
```

7. rpad(string text, length int [, fill text])

功能描述：将填充字符 fill（默认时为空白）填充在 string 的右侧，使 string 填充后的长度为 length。如果 string 的长度超过 length，则将其尾部截断。

例如：

```
test=> select rpad('abc',5,'*'),rpad('abcdefgh',5,'*');
 rpad  | rpad
-------------+---------
 abc** | abcde
(1 row)
```

8.2.4　其他字符函数

1. pg_client_encoding()

功能描述：当前客户端编码名称。

例如：

```
test=> select pg_client_encoding();
 pg_client_encoding
--------------------
 UTF8
(1 row)
```

2. char_length(string)、character_length(string)、length(string)

功能描述：求字符串的长度（字符个数）。

例如：

```
test=> select char_length('abc 我们 '),length('abc 我们 ');
 char_length | length
-----------------------+-------------
             5 |      5
(1 row)
```

3. lengthb(string)

功能描述：求字符串的字节长度。通常一个普通字符占用 1B 的存储空间，一个汉字（UTF8 字符集）占用 3B 的存储空间。

例如：

```
test=> select lengthb('abc 我们 ');
 lengthb
---------------
 9
(1 row)
```

4. repeat(string text, n int)

功能描述：将 string 重复 n 次。

例如：

```
test=> select repeat('abc',4);
   repeat
--------------
 abcabcabcabc
(1 row)
```

5. reverse(str)

功能描述：返回颠倒的字符串。

例如：

```
test=> select reverse('12345');
 reverse
---------
 54321
(1 row)
```

6. upper(string)

功能描述：把字符串转换为大写形式。

例如：

```
test=> select upper('Abc');
 upper
-------
 ABC
(1 row)
```

7. lower(string)

功能描述：把字符串转换为小写形式。

例如：

```
test=> select lower('ABc');
 lower
-------
 abc
(1 row)
```

8. initcap(string)

功能描述：将字符串中的每个单词（通过空格区分）的首字母转换为大写形式，其他字母转换为小写形式。

例如：

```
test=> select initcap('abc xYZ 123');
   initcap
-------------
 Abc Xyz 123
(1 row)
```

9. ascii(string)

功能描述：参数 string 的第一个字符的 ASCII 码。

例如：

```
test=> select ascii('A'),ascii('abc');
 ascii | ascii
-------------+-----------
    65 |    97
(1 row)
```

10. chr(integer)

功能描述：给出 ASCII 码的字符。

例如：

```
test=> select chr(65),chr(97);
 chr | chr
---------+-------
   A |   a
(1 row)
```

8.3 JSON 函数

1. array_to_json(anyarray [, pretty_bool])

功能描述：返回 JSON 类型的数组。一个多维数组成为一个 JSON 数组的数组。如果 pretty_bool 为 true，则将在一维元素之间添加换行符。

例如：

```
test=> select array_to_json('{1,2,3,4,5}'::int[]);
 array_to_json
---------------
 [1,2,3,4,5]
(1 row)
test=> select array_to_json('{{1,2},{3,4},{5,6}}'::int[]);
```

```
   array_to_json
---------------------
 [[1,2],[3,4],[5,6]]
(1 row)
```

2. row_to_json(record [, pretty_bool])

功能描述：返回 JSON 类型的行。如果 pretty_bool 为 true，则将在第一级元素之间添加换行符。

例如：

```
test=> select row_to_json(row(1,2,3,'a','b'));
              row_to_json
-----------------------------------------
 {"f1":1,"f2":2,"f3":3,"f4":"a","f5":"b"}
(1 row)
```

3. json_array_element(array-json, integer)、jsonb_array_element(array-jsonb, integer)

返回数据类型：JSON、JSONB。

功能描述：同操作符“->”，返回数组中指定下标的元素。

例如：

```
test=> select json_array_element('[1,2,["a","b"]]',2);
 json_array_element
--------------------
 ["a","b"]
(1 row)
```

如果想返回文本类型的数据，则可以用 json_array_element_text(array-json, integer)、jsonb_array_element_text(array-jsonb, integer)。

例如：

```
test=> select json_array_element_text('[1,2,["a","b"]]',2);
 json_array_element_text
-------------------------
 ["a","b"]
(1 row)
```

4. json_object_field(object-json, text)、jsonb_object_field(object-jsonb, text)

功能描述：同操作符“->”，返回对象中指定键对应的值。

返回数据类型：JSON、JSONB。

例如：

```
test=> select json_object_field('{"a":100,"b":[1,2,3]}','b');
 json_object_field
-------------------
 [1,2,3]
(1 row)
```

如果要返回文本类型的数据，则可以用json_object_field_text(object-json, text)、jsonb_object_field_text(object-jsonb, text)。

例如：

```
test=> select json_object_field_text('{"a":100,"b":[1,2,3]}','b');
 json_object_field_text
------------------------
 [1,2,3]
(1 row)
```

5. json_extract_path(json, variadic text[])、jsonb_extract_path((jsonb, variadic text[])

功能描述：等价于操作符“#>”。根据参数所指定的路径，查找并返回JSON数据。

返回数据类型：JSON、JSONB。

例如：

```
test=> select json_extract_path('{"a":1,"b":{"c":2}}','b','c');
 json_extract_path
-------------------
 2
(1 row)
```

如果要返回文本类型的数据，则可以用json_extract_path_text(json, variadic text[])、jsonb_extract_path_text((jsonb, variadic text[])。

例如：

```
test=> select json_extract_path_text('{"a":1,"b":{"c":2}}','b','c');
 json_extract_path_text
------------------------
 2
(1 row)
```

路径参数也可以写成数组形式：json_extract_path_op(json, text[])、jsonb_extract_path_op(jsonb, text[])、json_extract_path_text_op(json, text[])、jsonb_extract_path_text_op(jsonb, text[])，分别返回 JSON、JSONB 和文本类型的数据。

例如：

```
test=> select json_extract_path_op('{"a":1,"b":{"c":2}}',array['b','c']);
 json_extract_path_op
----------------------
 2
(1 row)
```

6. json_array_elements(array-json)、jsonb_array_elements(array-jsonb)

功能描述：拆分数组，每一个元素返回一行。

返回数据类型：JSON、JSONB。

例如：

```
test=> select json_array_elements('[1,2,["a","b","c"]]');
 json_array_elements
---------------------
 1
 2
 ["a","b","c"]
(3 rows)
```

如果要返回文本类型的数据，则可以用 json_array_elements_text(array-json)、jsonb_array_elements_text(array-jsonb)。

7. json_array_length(array-json)、jsonb_array_length(array-jsonb)

功能描述：返回数组长度。

例如：

```
test=> select json_array_length('[1,2,["a","b","c"]]');
 json_array_length
-------------------
 3
(1 row)
```

8. json_each(object-json)、jsonb_each(object-jsonb)、json_each_text(object-json)、jsonb_each_text(object-jsonb)

功能描述：将对象的每个键值对拆分转换为一行两列。

例如：

```
test=> select * from json_each('{"a":1,"b":{"c":2}}');
```

```
 key |  value
---------+-----------------
   a |       1
   b | {"c":2}
(2 rows)
```

9. json_object_keys(object-json)、jsonb_object_keys(object-jsonb)

功能描述：返回对象顶层所有的键。

例如：

```
test=> select json_object_keys('{"a":1,"b":{"c":2}}');
 json_object_keys
------------------
 a
 b
(2 rows)
```

10. jsonb_contained(jsonb, jsonb)

功能描述：同操作符“<@”，判断参数1中的所有元素是否在参数2的顶层。

例如：

```
test=> select jsonb_contained('[1,2,3]', '[1,2,3,4]');
 jsonb_contained
-----------------
 t
(1 row)
```

如果检查参数2中的所有元素是否在参数1中，则可以用jsonb_contains(jsonb, jsonb)。

例如：

```
test=> select jsonb_contains('[1,2,3,4]','[1,2,3]');
 jsonb_contains
----------------
 t
(1 row)
test=> select jsonb_contains('[1,2,3,4]','[1,2,5]');
 jsonb_contains
----------------
 f
(1 row)
```

11. jsonb_cmp(jsonb, jsonb)

功能描述：比较大小。

返回数据类型：integer，正数代表大于，负数代表小于，0 表示相等。

例如：

```
test=> select jsonb_cmp('{"a":10, "b":2}','{"a":20, "b":2}');
 jsonb_cmp
-----------
 -1
(1 row)
test=> select jsonb_cmp('{"a":10, "b":2}','{"a":10,"b":1}');
 jsonb_cmp
-----------
 1
(1 row)
```

12. jsonb_eq(jsonb, jsonb)

功能描述：同操作符“=”，比较两个值的大小。

返回数据类型：bool。

例如：

```
test=> select jsonb_eq('{"a":10, "b":2}','{"a":10,"b":1}');
 jsonb_eq
----------
 f
(1 row)
test=> select jsonb_eq('{"a":10, "b":2}','{"a":10,"b":2}');
 jsonb_eq
----------
 t
(1 row)
```

13. jsonb_ne(jsonb, jsonb)

功能描述：同操作符“<>”，比较两个值的大小。

返回数据类型：bool。

例如：

```
test=> select jsonb_ne('{"a":10, "b":2}','{"a":10,"b":1}');
 jsonb_ne
----------
```

```
 t
(1 row)
test=> select jsonb_ne('{"a":10, "b":2}','{"a":10,"b":2}');
 jsonb_ne
----------
 f
(1 row)
```

14. jsonb_gt(jsonb, jsonb)

功能描述：同操作符“>”，比较两个值的大小。

返回数据类型：bool。

例如：

```
test=> select jsonb_gt('{"a":10, "b":2}','{"a":10,"b":1}');
 jsonb_gt
----------
 t
(1 row)
test=> select jsonb_gt('{"a":10, "b":2}','{"a":10,"b":2}');
 jsonb_gt
----------
 f
(1 row)
```

15. jsonb_ge(jsonb, jsonb)

功能描述：同操作符“>=”，比较两个值的大小。

返回数据类型：bool。

例如：

```
test=> select jsonb_ge('{"a":10, "b":2}','{"a":10,"b":2}');
 jsonb_ge
----------
 t
(1 row)
test=> select jsonb_ge('{"a":10, "b":2}','{"a":10,"b":1}');
 jsonb_ge
----------
 t
(1 row)
```

```
test=> select jsonb_ge('{"a":10, "b":2}','{"a":10,"b":3}');
 jsonb_ge
----------
 f
(1 row)
```

16. jsonb_lt(jsonb, jsonb)

功能描述：同操作符“<”，比较两个值的大小。

返回数据类型：bool。

例如：

```
test=> select jsonb_lt('{"a":10, "b":2}','{"a":10, "b":1}');
 jsonb_lt
----------
 f
(1 row)
test=> select jsonb_lt('{"a":10, "b":2}','{"a":10, "b":3}');
 jsonb_lt
----------
 t
(1 row)
```

17. jsonb_le(jsonb, jsonb)

功能描述：同操作符“<=”，比较两个值的大小。

返回数据类型：bool。

例如：

```
test=> select jsonb_le('{"a":10, "b":2}','{"a":10,"b":1}');
 jsonb_le
----------
 f
(1 row)
test=> select jsonb_le('{"a":10, "b":2}','{"a":10,"b":2}');
 jsonb_le
----------
 t
(1 row)
test=> select jsonb_le('{"a":10, "b":2}','{"a":10,"b":3}');
 jsonb_le
```

```
----------
 t
(1 row)
```

18. to_object

功能描述：将键和值的字符串合并后转换为 JSON 数据。

例如：

```
test=> select json_object('{a,b,c}','{1,2,x}');
          json_object
----------------------------------
 {"a" : "1", "b" : "2", "c" : "x"}
(1 row)
```

此外，openGauss 数据库企业版还增加了很多 JSON 函数，可以在 JSON 文档中进行插入（json_insert）、删除（json_remove）、更改（json_replace）等操作。

8.4　模式匹配

对字符型数据进行模式匹配是常见的 SQL 操作。openGauss 数据库提供了 like 操作符、similar to 操作符和 posix 风格的正则表达式 3 种方法进行模式匹配。

8.4.1　like

like 操作使用下画线“_”代表任意单个字符，百分号“%”代表任意串的通配符。例如：

```
test=> select 'abcde' like '_bcd_','abcde' like 'a%e';
 ?column? | ?column?
----------+----------
        t |        t
(1 row)
```

如果字符串中出现“%”和“_”，则在模式中可以使用“\”进行前导转义。例如：

```
test=> select 'abc%de' like 'abc\%de','abc_de' like 'abc\_de';
 ?column? | ?column?
----------+----------
        t |        t
(1 row)
```

也可以使用关键字 escape 进行转义，例如：

```
test=> select 'abc%de' like 'abc/%de' escape '/';
 ?column?
----------
 t
(1 row)
```

escape '/' 表示“/”后的字符不是通配符。

8.4.2 similar to

similar to 操作符使用 SQL 标准定义的正则表达式进行匹配。

常用的正则表达式元字符如表 8-1 所示。

表 8-1 常用的正则表达式元字符

元字符	含义
|	表示选择（两个候选之一）
*	表示重复前面的项 0 次或更多次
+	表示重复前面的项 1 次或更多次
?	表示重复前面的项 0 次或 1 次
{m}	表示重复前面的项刚好 m 次
{m,}	表示重复前面的项 m 次或更多次
{m,n}	表示重复前面的项至少 m 次并且不超过 n 次
()	把多个项组合成一个逻辑项
[...]	声明一个字符类

正则表达式在匹配复杂结构的文本时效率非常高。

例如，判断文本是否全部由字母符号组成：

```
test=> select 'abc2ef' similar to '[a-zA-Z]+';
 ?column?
----------
 f
(1 row)
```

判断文本是否由简体中文汉字组成：

```
test=> select '四川省成都市' similar to '[一-龟]+';
 ?column?
----------
 t
```

```
(1 row)
test=> select '山东省济南市abc' similar to '[一-龟]+';
 ?column?
----------
 f
(1 row)
```

8.4.3 POSIX 正则表达式

POSIX 正则表达式提供了比 like 和 similar to 操作符更强大的含义。

POSIX 正则表达式操作符如表 8-2 所示。

表 8-2　POSIX 正则表达式操作符

操作符	描述
~	匹配正则表达式，区分字母大小写
~*	匹配正则表达式，不区分字母大小写
!~	不匹配正则表达式，区分字母大小写
!~*	不匹配正则表达式，不区分字母大小写

例如：

```
test=> select 'abc' ~ 'Abc';
 ?column?
----------
 f
(1 row)
test=> select 'abc' ~* 'ABC';
 ?column?
----------
 t
(1 row)
test=> select 'abc' !~ 'Abc';
 ?column?
----------
 t
(1 row)
test=> select 'abc' !~* 'ABC';
```

```
 ?column?
----------
 f
(1 row)
```

相比 similar to 操作符，POSIX 正则表达式还支持表 8-3 所示的模式匹配元字符。

表 8-3　POSIX 支持的模式匹配元字符

元字符	含义
^	表示串开头的匹配
$	表示串末尾的匹配
.	匹配任意单个字符

例如：

```
test=> select 'abc' ~ '^a';
 ?column?
----------
 t
(1 row)
test=> select 'abc' ~ 'c$';
 ?column?
----------
 t
(1 row)
test=> select 'abc' ~ '^a.c$';
 ?column?
----------
 t
(1 row)
```

8.4.4　正则表达式函数

openGauss 数据库提供的正则表达式函数很多，这些函数的功能十分强大。熟练掌握正则表达式函数可以极大地提高 SQL 代码的执行效率。

1. regexp_like

regexp_like 是判断字符串是否匹配模式的函数。

例如，判断字符串是否由小写字母组成：

```
test=> select regexp_like('abcde','[a-z]');
```

```
 regexp_like
-------------
 t
(1 row)
```

2. regexp_substr

regexp_substr 是抽取字符串中符号模式匹配的子字符串的函数。

例如，抽取字符串中的汉字：

```
test=> select regexp_substr('abc江苏南京123','[一-龟]+');
 regexp_substr
---------------
 江苏南京
(1 row)
```

3. regexp_count

regexp_count 是获取字符串中满足匹配的子字符串个数的函数。

例如，获取字符串中汉字串的个数：

```
test=> select regexp_count('abc南京123成都def杭州20','[一-龟]+');
 regexp_count
--------------
 3
(1 row)
```

4. regexp_instr

regexp_instr 是获取满足匹配条件的子字符串位置的函数，如果没有匹配的子字符串，则返回 0。

例如，获取字符串中汉字串的起始位置：

```
test=> select regexp_instr('abc江苏南京123','[一-龟]+');
 regexp_instr
--------------
 4
(1 row)
```

5. regexp_matches

regexp_matches 是获取字符串中所有符合模式匹配的子字符串的函数。

例如，获取字符串中所有的中文汉字串：

```
test=> select regexp_matches('abc南 京123成 都def杭 州20','([一-
龟]+)','g');
 regexp_matches
```

```
----------------
 {南京}
 {成都}
 {杭州}
(3 rows)
```

6. regexp_split_to_array

regexp_split_to_array 把 POSIX 正则表达式模式当作分界符来分离字符串，结果以一个文本类型数组的形式返回。

例如，把字母和数字分开的中文汉字抽取出来：

```
test=> select regexp_split_to_array('南京123成都def杭州ABC苏州','[a-zA-Z0-9]+');
 regexp_split_to_array
----------------------
 {南京,成都,杭州,苏州}
(1 row)
```

7. regexp_split_to_table

regexp_split_to_table 把一个 POSIX 正则表达式模式当作分界符来分离字符串，结果以多行记录返回。

接上例：

```
test=> select regexp_split_to_table('南京123成都def杭州ABC苏州','[a-zA-Z0-9]+');
 regexp_split_to_table
----------------------
 南京
 成都
 杭州
 苏州
(4 rows)
```

8. regexp_replace

regexp_replace 将字符串中符合匹配模式的子字符串替换成指定字符。

例如，将字符串中的汉字串替换成 *：

```
test=> select regexp_replace('南京123成都def杭州ABC苏州','[一-龟]+','*','g');
 regexp_replace
----------------
 *123*def*ABC*
```

```
(1 row)
```

8.5 窗口函数

窗口函数与 over 语句一起使用，用于给组内的值生成序号。over 语句用于对数据进行分组，并对组内元素进行排序。当进行数据分析和数据展示时，窗口函数十分有用，建议读者熟练掌握。

1. rank

功能描述：rank 函数为各组内部的值生成跳跃排序序号，其中相同的值具有相同序号。

例如，表 t1 的数据如下：

```
test=> select * from t1;
 c1 | data | class
-------+-----------+-----------
  a |   20 |      A
  d |   20 |      A
  e |   20 |      A
  g |   50 |      A
  h |   20 |      A
  i |   30 |      B
  j |   20 |      B
  b |   10 |      B
  f |   10 |      B
  c |   50 |      B
(10 rows)
```

将数据按 class 分组，然后按 data 进行由低到高的 rank 排序：

```
test=> select *,rank() over(partition by class order by data) from t1;
 c1 | data | class | rank
-------+-----------+------------+---------
  a |   20 |      A |     1
  d |   20 |      A |     1
  e |   20 |      A |     1
  h |   20 |      A |     1
  g |   50 |      A |     5
  b |   10 |      B |     1
  f |   10 |      B |     1
```

```
  j |   20 |     B |    3
  i |   30 |     B |    4
  c |   50 |     B |    5
(10 rows)
```

2. row_number

功能描述：row_number 函数为各组内值生成连续排序序号，其中，相同的值其序号也不相同。

例如，对表 t1 的数据按 class 分组，然后按 data 进行由低到高的 row_number 排序：

```
test=> select *,row_number() over(partition by class order by data) from t1;
 c1 | data | class | row_number
-------+-----------+------------+--------------------
  a |   20 |     A |          1
  d |   20 |     A |          2
  e |   20 |     A |          3
  h |   20 |     A |          4
  g |   50 |     A |          5
  b |   10 |     B |          1
  f |   10 |     B |          2
  j |   20 |     B |          3
  i |   30 |     B |          4
  c |   50 |     B |          5
(10 rows)
```

3. dense_rank

功能描述：dense_rank 函数为各组内的数据生成连续排序序号，其中，相同的值具有相同序号。

例如，对表 t1 的数据按 class 分组，然后按 data 进行由低到高的 dense_rank 排序：

```
test=> select *,dense_rank() over(partition by class order by data) from t1;
 c1 | data | class | dense_rank
-------+----------+------------+-------------------
  a |   20 |     A |          1
  d |   20 |     A |          1
  e |   20 |     A |          1
  h |   20 |     A |          1
  g |   50 |     A |          2
  b |   10 |     B |          1
```

```
  f |   10 |     B |          1
  j |   20 |     B |          2
  i |   30 |     B |          3
  c |   50 |     B |          4
(10 rows)
```

注意，列存表目前只支持 rank 和 row_number 两个函数。

8.6　类型转换函数

1. cast(x as y)

功能描述：类型转换函数，将 x 转换为 y 指定的类型，等同于操作符“::”。

最常见的是将数值转换为字符，或将字符转换为数值。

例如：

```
test=> select cast(100 as varchar);
 varchar
---------
 100
(1 row)
test=> select cast('100' as int);
 int4
------
 100
(1 row)
```

2. to_char(datetime/interval [, fmt])

功能描述：将一个 date、timestamp、timestamp with time zone 或者 timestamp with local time zone 类型的 datetime 或者 interval 值按照 fmt 指定的格式转换为文本类型。

可选参数 fmt 可以为日期、时间、星期、季度和世纪。每类都可以有不同的模板，模板之间可以合理组合，常见的模板有 HH24（小时）、MI（分钟）、SS（秒）、YYYY（年）、MM（月）、DD（日）。

例如：

```
test=> select to_char(sysdate,'yyyy-mm-dd hh24:mi:ss');
       to_char
---------------------
 2023-07-15 19:44:01
(1 row)
```

```
test=> select to_char(sysdate,'yyyy/mm/dd');
  to_char
------------
 2023/07/15
(1 row)
test=> select to_char(sysdate,'hh24:mi:ss');
 to_char
----------
 19:45:41
(1 row)
```

3. to_date(text)

功能描述：将文本类型的值转换为指定格式的时间戳。

目前只支持两类格式：无分隔符日期，如20190914，需要包括完整的年月日；带分隔符日期，如2012-10-14，分隔符可以是单个任意非数字字符。

例如：

```
test=> select to_date('20201110');
       to_date
---------------------
 2020-11-10 00:00:00
(1 row)
test=> select to_date('2020/11/10');
       to_date
---------------------
 2020-11-10 00:00:00
(1 row)
```

4. to_date(text, text)

功能描述：将字符串类型的值转换为指定格式的日期。

例如：

```
test=> select to_date('2023-7-1 16','yyyy-mm-dd hh24');
       to_date
---------------------
 2023-07-01 16:00:00
(1 row)
test=> select to_date('2023-7-18 11:16:20','yyyy-mm-dd hh24:mi:ss');
       to_date
```

```
---------------------
 2023-07-18 11:16:20
(1 row)
```

5. 其他数值转换函数

int1、int2、int4、int16、float4、float8、numeric 等函数均可以将输入的参数转换为相应的数值类型。

注意，输入的参数要符合相应的数据类型，文本参数转换为数值后要符合数据类型的要求，转换后的结果也不能超出数据类型的有效范围。

例如：

```
test=> select int1(99.54);
 int1
------
 100
(1 row)
```

如果参数为文本类型，则必须保证转换后的数值符合转换类型，例如：

```
test=> select int1('99.54');
ERROR:  invalid input syntax for integer: "99.54"
LINE 1: select int1('99.54');
```

如果参数大小超过转换类型的范围，则会报错。例如：

```
test=> select int1(9999999999);
ERROR:tinyint out of range
CONTEXT:referenced column: to_number
SQL function "int1" statement 1
referenced column: int1
```

8.7　聚集函数

聚集函数主要用于数据的统计分析。

1. sum

sum 函数对非空数值表达式进行求和运算。

例如：

```
test=> select * from t1;
 id | data1 | data2
-------+-------------+-----------
  1 |    10 |      a
```

```
  2 |    20 |     b
  3 |    30 |     c
  4 |    40 |     d
  5 |    50 |     e
  6 |       |
(6 rows)
```

对表 t1 的 data1 列进行求和：

```
test=> select sum(data1) from t1;
 sum
-----
 150
(1 row)
```

2. max

max 函数返回所有输入的非空表达式中的最大值。

例如：

```
test=> select max(data1),max(data2) from t1;
 max | max
---------+--------
 50   |   e
(1 row)
```

3. min

min 函数返回所有输入的非空表达式中的最小值。

例如：

```
test=> select min(data1),min(data2) from t1;
 min | min
---------+--------
 10   |   a
(1 row)
```

4. avg

avg 函数返回所有输入的非空表达式的算术平均值。

例如：

```
test=> select avg(data1) from t1;
         avg
---------------------
 30.0000000000000000
```

```
(1 row)
```

5. count

count 函数返回所有输入的非空表达式的行数。

例如，求 data1 列的非空行数：

```
test=> select count(data1) from t1;
 count
-------
 5
(1 row)
```

如果求表的所有行数，则可以用 count(*):

```
test=> select count(*) from t1;
 count
-------
 6
(1 row)
```

6. array_agg

array_agg 函数将所有的输入表达式连接为一个数组。

例如：

```
test=> select array_agg(data1) from t1;
       array_agg
----------------------
 {10,20,30,40,50,NULL}
(1 row)
```

7. string_agg

string_agg 函数将所有输入的非空表达式用指定的分隔符连接成一个字符串。

例如：

```
test=> select string_agg(data1,'|') from t1;
   string_agg
---------------
 10|20|30|40|50
(1 row)
```

8. listagg

listagg 函数将输入的非空表达式按 within group 指定的排序方式排列，并用指定的分隔符拼接成一个字符串。若省略分隔符，则默认为空。

例如，将表 t1 中的 data2 列数据按 data1 倒序组合成字符串：

```
test=> select listagg(data2,',') within group(order by data1 desc) from t1;
  listagg
-----------
 e,d,c,b,a
(1 row)
```

9. group_concat

group_concat 函数将分组后的数据用指定分隔符合并为一个字符串。若省略分隔符，则默认为“,”。

例如：

```
test=> select * from t2;
 id | data
-------+---------
  1 |    a
  1 |    b
  2 |    c
  2 |    d
  2 |    e
    |    x
(6 rows)
```

将表 t2 中的数据按照 id 字段分组并排序，同时将同一组的 data 字段合并为一个字符串，data 字段的数据用“|”分隔。

```
test=> select id,group_concat(data separator '|') from t2 group by id
order by id;
 id | group_concat
-------+----------------------
  1 |          a|b
  2 |        c|d|e
    |            x
(3 rows)
```

10. json_agg

json_agg 函数将数据分组汇聚成 JSON 数组。

例如：

```
test=> select id,json_agg(data) from t2 group by id order by id;
 id |    json_agg
```

```
-------+--------------------------------------
     1 |               ["a", "b"]
     2 |          ["c", "d", "e"]
       |                    ["x"]
(3 rows)
```

11. json_object_agg

json_object_agg 函数将数据汇聚成 JSON 对象。

例如：

```
test=> select json_object_agg(id,data) from t2 where id is not null group by id;
            json_object_agg
------------------------------------
 { "1" : "a", "1" : "b" }
 { "2" : "c", "2" : "d", "2" : "e" }
(2 rows)
test=> select json_object_agg(data1,data2) from t1 where data1 is not null;
                             json_object_agg
----------------------------------------------------------------
 { "10" : "a", "20" : "b", "30" : "c", "40" : "d", "50" : "e" }
(1 row)
```

8.8 安全函数

1. gs_encrypt_aes128(encryptstr,keystr)

功能描述：以 keystr 为密钥对 encryptstr 字符串进行加密，返回加密后的字符串。keystr 的长度范围为 8~16B，至少包含 3 种字符（可以为大写字母、小写字母、数字、特殊字符）。

返回值类型：text。

返回值长度：至少为 92B，不超过 4 × [(Len+68)/3]B，其中，Len 为加密前数据长度（单位为字节）。

例如：

```
test=> select gs_encrypt_aes128('abcd','Abc$1234');
                          gs_encrypt_aes128
--------------------------------------------------------------
R4zvbNydEozrv/m8+jrRu4CCMBfQo+JeRbcKTKl4KtbYX0nBKMVu02ePkGxicwUeSAKW/
```

```
WtydfU/HOx9g/6Fx7JzmU4=
    (1 row)
```

2. gs_decrypt_aes128(decryptstr,keystr)

功能描述：以 keystr 为密钥对 decrypt 字符串进行解密，返回解密后的字符串。解密使用的 keystr 必须保证与加密时使用的 keystr 一致。

例如：

```
test=> select gs_decrypt_aes128('R4zvbNydEozrv/m8+jrRu4CCMBfQo+JeRbcKTKl4KtbYX0nBKMVu02ePkGxicwUeSAKW/WtydfU/HOx9g/6Fx7JzmU4=','Abc$1234');
 gs_decrypt_aes128
-------------------
 abcd
(1 row)
```

3. gs_encrypt(encryptstr,keystr,encrypttype)

功能描述：根据 encrypttype，以 keystr 为密钥对 encryptstr 字符串进行加密，返回加密后的字符串。keystr 的长度范围为 8~16B，至少包含 3 种字符（可以为大写字母、小写字母、数字、特殊字符），encrypttype 可以是 aes128 或 sm4。

例如：

```
test=> select gs_encrypt('abcd','Abc$1234','aes128');
                          gs_encrypt
--------------------------------------------------------------
R4zvbNydEozrv/m8+jrRu836jYp7PV1JpjzL0vA7HYxJciueag4MXBUMCRiNGWnDTXFwltySloU9DUxbhTJUPuRbo+U=
(1 row)
```

4. gs_decrypt(decryptstr,keystr,decrypttype)

功能描述：根据 decrypttype，以 keystr 为密钥对 decrypt 字符串进行解密，返回解密后的字符串。解密使用的 decrypttype 及 keystr 必须保证与加密时使用的 encrypttype 及 keystr 一致。keystr 不得为空。decrypttype 可以是 aes128 或 sm4。

例如：

```
test=> select gs_decrypt('R4zvbNydEozrv/m8+jrRu836jYp7PV1JpjzL0vA7HYxJciueag4MXBUMCRiNGWnDTXFwltySloU9DUxbhTJUPuRbo+U=','Abc$1234','aes128');
 gs_decrypt
------------
 abcd
(1 row)
```

5. gs_password_deadline

功能描述：显示当前账户密码距离过期还有多少天。

例如：

```
test=> select gs_password_deadline();
  gs_password_deadline
-------------------------
 53 days 17:07:02.007075
(1 row)
```

6. gs_password_notifytime

功能描述：显示账户密码到期前提醒的天数。

例如：

```
test=> select gs_password_notifytime();
 gs_password_notifytime
-------------
 7
(1 row)
```

7. login_audit_messages

功能描述：查看登录用户的登录信息。

参数：true，查看上一次登录认证通过的日期、时间和 IP 等信息；false，查看上一次登录认证失败的日期、时间和 IP 等信息。

8. inet_server_addr

功能描述：显示服务器 IP 信息。

注意，服务器本地连接显示为空。

9. inet_client_addr

功能描述：显示客户端 IP 信息。

注意，服务器本地连接显示为空。

8.9 接口函数

pkg_service 模式下的接口函数很多，这里介绍与定时任务有关的接口函数。

1. 创建定时任务

创建定时任务的语法如下：

```
job_submit(
id       in    bigint default,   //作业号由系统自动生成或由用户指定
content  in    text,             //执行的任务内容（语句）
```

```
next_date in timestamp default sysdate,  // 指定执行任务的时间，默认是当前时刻
interval_time in text default 'null', // 每次执行任务的时间间隔，null 表示只
                                      // 执行一次
job out integer                       // 返回创建的任务编号
```

例如，创建一个一小时执行一次的存储过程 job1 的任务，作业号指定为 1：

```
test=> select pkg_service.job_submit(1, 'call job1()', sysdate,
'sysdate+1/24');
 job_submit
------------
 1
(1 row)
```

如果要求在整点时刻执行 job1，则可以将执行时间指定为整点：

```
test=> select pkg_service.job_submit(2, 'call job1()', trunc(sysdate,'hh'),
'trunc(sysdate,"hh")+1/24');
 job_submit
------------
 2
(1 row)
```

注意，interval_time 参数为文本类型，所以参数中的单引号要写成“''”（连续两个单引号）。

创建任务函数的第一个参数指定的是定时任务的作业号，如果传入的第一个参数为 null，则系统会自动为其生成一个作业号。例如：

```
test=> select pkg_service.job_submit(null, 'call job1()', sysdate,
'sysdate+1/24');
 job_submit
------------
 30002
(1 row)
```

30002 就是新创建的定时任务的作业号。

也可以不创建存储过程，直接用 SQL 语句。例如：

```
select pkg_service.job_submit(null, 'insert into …', sysdate, 'sysdate+1/24');
```

通过系统表 pg_job 可以查看创建的定时任务的信息。例如，查看当前所有定时任务的状态，以及开始时间、下一次执行的时间、最近一次执行的时间：

```
test=> select job_id, job_status, start_date, next_run_date, this_run_
date from pg_job;
```

定时任务执行的语句等信息可以在系统表 pg_job_proc 中查看。

2. 禁用或者启用定时任务

禁用或者启用定时任务的语法如下：

```
job_finish(
id          in   integer,
broken      in   boolean,  //true：禁用；false：启用
next_time   in   timestamp  default  sysdate)  //下一次运行时间
```

例如，启用作业 1：

```
test=> select pkg_service.job_finish(1,false);
```

禁用作业 1：

```
test=> select pkg_service.job_finish(1,true);
```

通过系统表 pg_job 中的字段 pg_status 可以查看定时任务的状态：d 表示禁用，s 表示启用。

3. 修改定时任务

修改定时任务的语法如下：

```
job_update(
id             in   bigint,
next_time      in   timestamp,
interval_time  in   text,
content        in   text)
```

例如，将作业号为 1 的任务改为一天执行一次：

```
test=> select pkg_service.job_update(1,sysdate,'sysdate+1',null);
```

4. 通过作业号来删除定时任务

通过作业号来删除定时任务的语法如下：

```
job_cancel(job in integer)  //参数为作业号
```

例如，删除作业号为 1 的任务：

```
test=> select pkg_service.job_cancel(1);
```

注意，普通用户若要使用 pkg_service 中的函数，应先授权，否则会显示如下错误。

```
ERROR:permission denied for schema pkg_service
```

只须授予 pkg_service 模式的 usage 权限即可。例如，授权用户 test 使用 pkg_service 中的函数：

```
test=# grant usage on schema pkg_service to test;
grant
```

第9章
过程化 SQL 程序设计

过程化 SQL 是 SQL 的扩展和增强，除了具备 SQL 的强大功能以外，还具备高级编程语言的过程控制功能，可以实现计算逻辑复杂的数据处理。而且过程化 SQL 的代码经过编译后存放在数据库服务器中，执行时无须再次编译，执行效率非常高，是编写存储过程、函数、触发器的最佳语言。此外，当使用过程化 SQL 进行数据处理时，所有计算过程均在数据库服务器执行，参与计算的数据无须传输到客户端，减少了数据传输的过程，非常适合大数据量的处理。

PL/pgSQL 是 openGauss 数据库的过程化 SQL。通过 PL/pgSQL 可以将一系列的复杂计算在数据库服务器内部完成，从而提高系统的运行效率。

9.1 程序块

模块化程序设计是将复杂问题分解为功能独立的子模块，从而有效降低程序代码的复杂度，方便软件维护。

过程化 SQL 程序设计继承了模块化程序设计的思想，把程序块作为基本的程序单元，程序结构清晰明了，而且程序块中也可以嵌套子块。

9.1.1 程序块结构

程序块由声明部分、执行部分、异常处理部分、结束部分 4 部分组成。语法如下：

```
declare（可选）-- 声明部分
/* 声明部分：在此声明程序块用到的变量、类型及游标 */
begin（必有）-- 执行部分
/* 执行部分：过程及 SQL 语句，是程序的主要部分 */
exception（可选）-- 异常处理部分
/* 异常处理部分：错误处理 */
end;（必须有）-- 结束部分
```

声明部分由关键字 declare 开始，其中包含变量和常量的数据类型和初始值及游标的声明。如果不需要声明变量或常量，可以忽略这一部分。

执行部分是语句块中的指令部分，由关键字 begin 开始，以关键字 exception 结束，如果 exception 不存在，则以关键字 end 结束。所有的可执行语句都放在这一部分，其他的语句块也可以放在这一部分。

异常处理部分是可选的，在这一部分处理代码执行的异常或错误。

关键字 END 表示程序块结束。

"/" 表示执行该程序块。

在 decare、begin、exception 等语句后面没有分号，其他命令行都要以英文分号 ";" 结束。

在程序代码中，单行注释使用 "--" 符号，多行注释使用 "/*...*/"。

9.1.2　变量

1. 变量定义和赋值

变量定义在程序块的声明部分，语法如下：

```
<变量名> <变量类型> [= 初始值];
```

例如：

```
x int=0;  -- 整数类型变量 x，初始值为 0
```

除了在定义变量时赋予初始值以外，赋值还有如下两种方法。

1）直接赋值

```
x=1;
```

为了兼容 Oracle 数据库的语法，赋值操作符 "=" 也可以写成操作符 ":="。

2）select into 赋值

语法如下：

```
select into [strict] target expression [from …]
```

例如：

```
test=> declare
test->     d date;
test-> begin
test$>     select sysdate into d;
test$>     raise notice 'd= %',d;
test$> end;
test$> /
NOTICE:  d= 2023-07-17 18:07:36
anonymous block execute
```

2. 变量作用域

过程化 SQL 与其他高级程序设计语言一样，也使用变量来存放临时数据。在一个语句块的声明部分定义的变量，其作用域范围就是该语句块，包括其中的子块（子块定义的变量作用域仅限在子块中）。例如：

```
test=> declare
test->     i int=1;
test-> begin
test$>     raise notice 'block1: i= %',i; --block1 变量 i
test$>     begin
test$>         i=i+1;
test$>         raise notice 'block2: i= %',i; --block2 变量 i
test$>     end;
test$> end;
test$> /
NOTICE:  block1: i= 1
NOTICE:  block2: i= 2
anonymous block execute
```

可以看到，block1 定义的变量在其包含的子块 block2 中也可以使用。但子块定义的变量则只能在子块范围内使用。例如：

```
test=> begin
test$>     declare
test$>         i int=1;
test$>     begin
test$>         raise notice 'i= %',i;
test$>     end;
test$>     i=i+1;
test$> end;
test$> /
ERROR:  "i" is not a known variable
line 7:     i=i+1;
```

可以看到，在子块中定义的变量 i 在子块之外无法使用。

注意，如果子块定义的变量与其上级程序块的变量重名，则两个变量互不影响，作用域也不交叉。例如：

```
test=> declare
test->     i int;
test-> begin
test$>     i=1;
test$>     declare
```

```
test$>          i int;
test$>      begin
test$>          i=2;
test$>          raise notice 'block2 i= %',i;
test$>      end;
test$>      raise notice 'block1 i= %',i;
test$> end;
test$> /
NOTICE:  block2 i= 2
NOTICE:  block1 i= 1
anonymous block execute
```

可以看到，程序块定义的变量 i 和其子块定义的变量 i 互不影响，在各自的作用域范围内发挥作用，但 block1 定义的变量 i 在其子块 block2 中无法直接使用。

3. 数据类型

过程化 SQL 除了支持所有常规的数据类型以外，还提供了与表字段、表结构相关的 %type 和 %rowtype，以及数组、集合和自定义结构的记录等数据类型。

1）%type

%type 将变量同数据表的字段的数据类型进行绑定。当字段定义发生变化时，程序变量定义无须修改，增加了程序的健壮性。

例如，表 t1 的结构和部分数据如下：

```
test=> \d t1
                          Table "test.t1"
 Column |          Type           |           Modifiers
--------+-------------------------+----------------------
     c1 | character varying(20) |
   data |              integer  |
test=> select data from t1 limit 1;
 data
------
 20
(1 row)
```

定义变量 d 为表 t1 的字段 data 的数据类型，并读取一条数据：

```
test=> declare
test->     d t1.data%type;
test-> begin
```

```
test$>     select data into d from t1 limit 1;
test$>     raise notice 'd= %',d;
test$> end;
test$> /
NOTICE:  d= 20
anonymous block execute
```

2）%rowtype

%rowtype 定义了一个基于表定义的复合变量，它将一个记录声明为指定数据表的数据行的记录结构。如果表结构定义改变了，那么 %rowtype 定义的变量也会随之改变。

例如，表 t1 的结构和部分数据如下：

```
test=> select * from t1 limit 1;
 c1 | data
-------+---------
  a |   20
(1 row)
```

定义变量 d 为表 t1 数据行记录的数据类型，并读取一条数据：

```
test=> declare
test->     d t1%rowtype;
test-> begin
test$>     select * into d from t1 limit 1;
test$>     raise notice 'd.c1= %, d.data= %',d.c1,d.data;
test$> end;
test$> /
NOTICE:  d.c1= a, d.data= 20
anonymous block execute
```

3）数组

数组定义的语法如下：

```
type array_type is varray(size) of data_type;
```

例如：

```
test=> declare
test->     type array_int is varray(5) of int;
test->     x array_int;
test-> begin
test$>     for i in 1..5 loop
test$>         x(i)=i*10;
```

```
test$>      end loop;
test$>      for i in 1..5 loop
test$>          raise notice 'x(%)= %',i,x(i);
test$>      end loop;
test$> end;
test$> /
NOTICE:  x(1)= 10
NOTICE:  x(2)= 20
NOTICE:  x(3)= 30
NOTICE:  x(4)= 40
NOTICE:  x(5)= 50
anonymous block execute
```

也可以用中括号代替圆括号，例如，x(1) 可以写成 x[1]，而且数组会自动扩展。如果访问一个没有赋值的数组成员，则返回 null。例如：

```
test=> declare
test->     type array_int is varray(5) of int;
test->     x array_int;
test-> begin
test$>      for i in 0..6 loop
test$>          x[i]=i*10;
test$>      end loop;
test$>      for i in -1..7 loop
test$>          raise notice 'x[%]= %',i,x[i];
test$>      end loop;
test$> end;
test$> /
NOTICE:  x[-1]= <NULL>
NOTICE:  x[0]= 0
NOTICE:  x[1]= 10
NOTICE:  x[2]= 20
NOTICE:  x[3]= 30
NOTICE:  x[4]= 40
NOTICE:  x[5]= 50
NOTICE:  x[6]= 60
NOTICE:  x[7]= <NULL>
```

```
anonymous block execute
```

可以看到，虽然数组 x 的大小定义为 5，但实际使用过程中可以不受这个限制。

4）不带索引集合

语法如下：

```
type table_type is table of data_type;
```

例如：

```
test=> declare
test->     type table_int is table of int;
test->     x table_int=table_int(5);
test-> begin
test$>     for i in 0..6 loop
test$>         x[i]=i*10;
test$>     end loop;
test$>     for i in -1..7 loop
test$>         raise notice 'x[%]= %',i,x[i];
test$>     end loop;
test$> end;
test$> /
NOTICE:  x[-1]= <NULL>
NOTICE:  x[0]= 0
NOTICE:  x[1]= 10
NOTICE:  x[2]= 20
NOTICE:  x[3]= 30
NOTICE:  x[4]= 40
NOTICE:  x[5]= 50
NOTICE:  x[6]= 60
NOTICE:  x[7]= <NULL>
anonymous block execute
```

可以看到，集合类型也会自动扩展，使用时不受定义大小的限制，甚至在定义时可以省略集合大小的定义。

5）带索引集合

不带索引集合只能使用整数作为索引，带索引集合则可以使用整数和字符串作为索引。如果将 integer 作为索引，则与不带索引集合的类型没有差别。

语法如下：

```
type table_type is table of data_type index by integer|varchar;
```

例如：

```
test=> declare
test->     type table_int is table of int index by varchar;
test->     x table_int=table_int();
test-> begin
test$>     x['a']=100;
test$>     x['b']=200;
test$>     raise notice 'x[%]= %','a',x['a'];
test$>     raise notice 'x[%]= %','b',x['b'];
test$> end;
test$> /
NOTICE:  x[a]= 100
NOTICE:  x[b]= 200
anonymous block execute
```

使用带索引集合的类型可以不需要知道数据在索引表中实际的位置，直接访问数据，省去了查找步骤。例如，建立学生成绩集合score，直接用学生姓名进行索引：

```
test=> declare
test->     type table_score is table of decimal index by varchar;
test->     score table_score=table_score();
test-> begin
test$>     score['张三']=84.5;
test$>     score['李四']=92.5;
test$>     raise notice '%: %','张三',score['张三'];
test$>     raise notice '%: %','李四',score['李四'];
test$> end;
test$> /
NOTICE:  张三: 84.5
NOTICE:  李四: 92.5
anonymous block execute
```

6）自定义结构

使用%rowtype可以定义多个变量组合的复合结构变量，但必须与数据表记录的结构一致。openGauss数据库提供了可以自定义结构的记录类型，使程序设计更加灵活。

语法如下：

```
type record_type is record ( fieldname fieldtype[,fieldname fieldtype...]);
```

例如，表t1的结构如下：

```
test=> \d t1
              Table "test.t1"
 Column |          Type          | Modifiers
--------+------------------------+-----------
     c1 | character varying(20) |
   data |                integer |
```

查找表 t1 的第一条记录：

```
test=> select * from t1 limit 1;
 c1 | data
-------+----------
 a  |   20
(1 row)
```

创建与表 t1 相同结构的自定义结构，然后读取表 t1 的第一条记录并赋值给自定义结构的数据：

```
test=> declare
test->     type record_t1 is record(a varchar(20),b int);
test->     x record_t1;
test-> begin
test$>     select c1,data into x.a,x.b from t1 limit 1;
test$>     raise notice 'x.a=%, x.b=%',x.a,x.b;
test$> end;
test$> /
NOTICE:  x.a=a, x.b=20
anonymous block execute
```

9.1.3 异常处理

程序块在执行过程中发生错误时会自动跳转到 exception 部分，发生执行错误的代码位置后续的代码将不再执行。exception 用来捕获错误信息并进行相应的处理，避免执行错误导致程序异常终止。

异常处理的语法如下：

```
exception
    when condition [or condition …] then
        handler_statements
    [when condition [or condition …] then
        handler_statements
```

```
    ...]
```

例如：

```
test=> declare
test->      x int;
test-> begin
test$>      x=10/0;
test$> exception
test$>      when others then
test$>          raise notice '错误信息：%', sqlerrm;
test$> end;
test$> /
NOTICE:  错误信息：division by zero
anonymous block execute
```

程序发生错误后及时捕获错误信息，通过系统变量 sqlerrm 反馈错误信息“division by zero”（除数为 0）。错误信息“others”可以用来表示所有的“其他错误”。

也可以利用错误码，针对不同的错误采取不同的处理措施。例如：

```
test=> declare
test->      x int;
test-> begin
test$>      x=10/0;
test$> exception
test$>      when division_by_zero then
test$>          raise notice '除数为 0！ ';
test$>      when others then
test$>          raise notice '错误信息：%',sqlerrm;
test$> end;
test$> /
NOTICE:  除数为 0！
anonymous block execute
```

程序块中使用了错误码“division_by_zero”（被零除）对除数为 0 的错误进行捕获。为应对其他意外错误，在 exception 最后部分添加上“others”判断，以捕获其他可能发生的错误。

常用的错误码如表 9-1 所示。

表 9-1 常用的错误码

错误码	含义
no_data	没有数据
data_exception	数据异常
array_subscript_error	数组下标错误
division_by_zero	被零除
null_value_not_allowed	不允许 null 值
numeric_value_out_of_range	数值越界
integrity_constraint_violation	违反完整性约束
foreign_key_violation	违反外键约束
unique_violation	违反唯一约束
invalid_schema_name	非法模式名
invalid_name	非法名字
name_too_long	名字太长
indeterminate_datatype	不确定的数据类型
too_many_columns	字段太多
too_many_arguments	参数太多
fdw_invalid_data_type	非法数据类型
too_many_rows	行太多
data_corrupted	数据损坏
non_existant_variable	变量不存在

编写应对错误的代码是一个良好的编程习惯，可以有效防止程序因错误导致的异常中止，提高程序的健壮性，也有利于后期的软件维护。

9.2 程序结构

根据结构化程序设计理论，任何程序都可以由顺序结构、选择结构和循环结构 3 种结构组成，过程化 SQL 程序也不例外。

9.2.1 顺序结构

顺序结构即程序中的各语句按照先后顺序执行。其中有两种特殊的语句——goto 语句和 null 语句。

1. goto语句

goto语句可以实现从当前语句位置到目标语句的无条件跳转。

语法如下：

```
goto label;
```

例如：

```
test=> begin
test$>     goto p1;
test$>     raise notice 'first';
test$>     <<p1>>
test$>     raise notice 'second';
test$> end;
test$> /
NOTICE:  second
anonymous block execute
```

像其他支持goto语句的高级程序设计语言一样，过程化SQL的goto语句的使用限制如下。

- 同一个程序块中的label不能相同。
- 不能从选择、循环之外的语句中通过goto语句到选择、循环内。
- 不能从子块外通过goto语句到子块中（但可以从子块中通过goto语句到子块外）。

goto语句虽然灵活，但降低了程序的可读性，增加了维护的难度。而且按照结构化程序设计方法，goto语句也完全没有必要。因此，在日常开发过程中，尽量不要使用goto语句。

2. null语句

null语句不做任何事情，只是在某些特殊场景中用于保证语法的正确性或增加程序的可读性。例如：

```
begin
    …
    if score=100 then
        raise notice '满分';
        …
    elseif score>=60 and score<100 then
        raise notice '及格';
        …
    elseif score>=0 and score<60 then
        raise notice '不及格';
        …
```

```
    else
        null;
    end if;
end;
```

该程序对 0~100 的分数进行判断处理，其他不合理的分数不予处理。

9.2.2 选择结构

选择结构先执行一个判断条件，然后根据判断条件的执行结果执行对应的一系列语句。常见的判断语句如下。

1. if 语句

语法如下：

```
if <条件表达式> then
<执行部分>;
[<elseif><条件表达式> then
<执行部分>;
{<elseif><条件表达式> then
<执行部分>;}]
[else
<执行部分>;]
end if;
```

为了兼容 Oracle 数据库的语法，elseif 也可以写成 elsif。

2. case 语句

case 语句从一系列条件中进行选择，并且执行相应的语句块，主要有两种形式——简单形式和搜索形式。

1）简单形式

简单形式用于将一个表达式与多个值进行比较。

语法如下：

```
case <条件表达式>
when <条件> then <执行部分>;
{when <条件> then <执行部分>;}
[ else <执行部分> ]
end [case];
```

例如：

```
declare
   x int=2;
```

```
begin
   case x
   when 1 then raise notice 'first';
   when 2 then raise notice 'second';
   when 3 then raise notice 'third';
   else raise notice 'over';
   end case;
end;
```

2）搜索形式

搜索形式用于对多个条件进行计算，取第一个结果为真的条件。

语法如下：

```
case
when <条件表达式> then <执行部分>;
{ when <条件表达式> then <执行部分>;}
[ else <执行部分> ]
end [case];
```

例如：

```
declare
   x int=2;
begin
   case
   when x=1 then raise notice 'first';
   when x=2 then raise notice 'second';
   when x=3 then raise notice 'third';
   else raise notice 'over';
   end case;
end;
```

9.2.3 循环结构

openGauss 数据库支持多种循环结构，以适应各种不同的场景。

1. loop 语句

loop 语句是最简单的循环方式，其语法如下：

```
loop
<执行部分>;
end loop;
```

loop 语句可以实现对一语句系列的重复执行。loop 和 end loop 之间的执行部分将无限次地执行，必须借助 exit 或 goto 语句来跳出循环。

例如：

```
test=> declare
test->     i int=0;
test-> begin
test$>     loop
test$>         if i<5 then
test$>             raise notice 'i= %',i;
test$>             i=i+1;
test$>         else
test$>             exit;
test$>         end if;
test$>     end loop;
test$> end;
test$> /
NOTICE:  i= 0
NOTICE:  i= 1
NOTICE:  i= 2
NOTICE:  i= 3
NOTICE:  i= 4
anonymous block execute
```

2. while...loop 语句

语法如下：

```
while <条件表达式> loop
<执行部分>;
end loop ;
```

while...loop 语句在每次循环开始之前，先计算条件表达式，若其值为 true，则执行部分被执行一次，然后控制重新回到循环顶部。若条件表达式的值为 false，则结束循环，也可以通过 exit 语句来终止循环。

例如：

```
test=> declare
test->     i int=0;
test-> begin
test$>     while i<5 loop
```

```
test$>          raise notice 'i= %',i;
test$>          i=i+1;
test$>     end loop;
test$> end;
test$> /
NOTICE:  i= 0
NOTICE:  i= 1
NOTICE:  i= 2
NOTICE:  i= 3
NOTICE:  i= 4
anonymous block execute
```

3. for...loop 语句

for...loop 循环有两种形式——for...loop 计数器和 for...loop 查询。

1）for...loop 计数器

语法如下：

```
for <循环计数器> in [reverse] <下限表达式> ... <上限表达式> loop
<执行部分>;
end loop ;
```

其中，循环计数器是一个标识符，它类似于一个变量，但是不能被赋值，且作用域限于 for 语句内部。下限表达式和上限表达式用来确定循环的范围，它们的类型必须和整型兼容。循环次数是在循环开始之前确定的，即使在循环过程中下限表达式或上限表达式的值发生改变，也不会引起循环次数的变化。

执行 for 语句时，首先检查下限表达式的值是否小于上限表达式的值，如果下限数值大于上限数值，则不执行循环体。否则，将下限数值赋给循环计数器（当语句中使用了 reverse 关键字时，则把上限数值赋给循环计数器）；然后执行循环体内的语句序列；执行完后，循环计数器的值加 1（如果有 reverse 关键字，该值则减 1）；检查循环计数器的值，若仍在循环范围内，则重新执行循环体；如此循环，直到循环计数器的值超出循环范围。同样，也可以通过 exit 语句来终止循环。

例如：

```
test=> begin
test$>     for i in 0..5 loop
test$>          raise notice 'i= %',i;
test$>     end loop;
test$> end;
test$> /
```

```
NOTICE:  i= 0
NOTICE:  i= 1
NOTICE:  i= 2
NOTICE:  i= 3
NOTICE:  i= 4
NOTICE:  i= 5
anonymous block execute
```

也可以使用 reverse 选项，让计数器按由大到小的顺序执行：

```
test=> begin
test$>     for i in reverse 5..0 loop
test$>         raise notice 'i= %',i;
test$>     end loop;
test$> end;
test$> /
NOTICE:  i= 5
NOTICE:  i= 4
NOTICE:  i= 3
NOTICE:  i= 2
NOTICE:  i= 1
NOTICE:  i= 0
anonymous block execute
```

2）for...loop 查询

在 for...loop 中，也可以用查询语句代替循环计数器。例如：

```
test=> select distinct data from t1;
 data
------
   20
   50
   10
   30
(4 rows)
```

先去掉表 t1 中的 data 字段的重复值，然后按序打印：

```
test=> begin
test$>     for i in select distinct data from t1 order by data loop
test$>         raise notice 'i= %',i;
```

```
test$>     end loop;
test$> end;
test$> /
NOTICE:  i= (10)
NOTICE:  i= (20)
NOTICE:  i= (30)
NOTICE:  i= (50)
anonymous block execute
```

4. forall 批量执行

语法如下：

```
forall<index> in <bounds_clause> [save exceptions] <dml>;
```

其中，变量 index 会自动定义为 integer 类型并且只在此循环中存在。index 的取值介于 low_bound 和 upper_bound 之间。

如果声明了 save exceptions，则会将循环体 dml 执行过程中每次遇到的异常保存在 sql&bulk_exceptions 中，并在执行结束后统一抛出异常，循环过程中没有异常的执行的结果在当前子事务内不会回滚。

例如，将 1~100 的数字插入表 t2：

```
test=> begin
test$>     forall i in 1..100
test$>         insert into t2(id) values(i);
test$> end;
test$> /
anonymous block execute
test=> select count(*) from t2;
 count
-------
 100
(1 row)
```

注意，forall 语句没有 loop 和 end loop 子句。

5. 其他

在数据库兼容模式为 B（兼容 MySQL 模式）时，还有 repeat、label...loop、while...do 3 种循环方式。

repeat 的语法如下：

```
[label_begin:] repeat
statements
```

```
until condition
end repeat [label_end]
```

label...loop 的语法如下：

```
[label_begin:] loop
    statements
end loop [label_end]
```

while...do 的语法如下：

```
[label_begin:] while condition do
statements
end while [label_end]
```

查看参数 sql_compatibility 可以获取数据库兼容模式，该参数默认为 A（兼容 Oracle 数据库模式）。

退出循环的命令有 exit 和 continue 两种。

1）exit

exit 语句与循环语句一起使用，用于终止其所在循环语句的执行，将控制转移到该循环语句外的下一个语句继续执行。

语法如下：

```
exit [<标号名>] [when <条件表达式>];
```

例如：

```
test=> declare
test->     i int=0;
test-> begin
test$>     loop
test$>         exit when i>=5;
test$>         raise notice '%',i;
test$>         i=i+1;
test$>     end loop;
test$> end;
test$> /
NOTICE:  0
NOTICE:  1
NOTICE:  2
NOTICE:  3
NOTICE:  4
anonymous block execute
```

如果不加 when 条件判断，则无条件退出循环。

注意，exit 语句必须出现在一个循环语句中，否则将报错。

2）continue

continue 语句的作用是退出当前循环，并且将语句控制转移到这次循环的下一次循环迭代或者一个指定标签的循环的开始位置并继续执行。

语法如下：

```
continue [[ 标号名 ] when < 条件表达式 >];
```

若 continue 后没有跟 when 子句，则无条件退出当前循环，并且将语句控制转移到这次循环的下一次循环迭代或者一个指定标号名的循环的开始位置并继续执行。

例如，打印小于或等于 10 的偶数：

```
test=> begin
test$>     for i in 1..10 loop
test$>         if i%2=0 then
test$>             raise notice '%',i;
test$>         else
test$>             continue;
test$>         end if;
test$>     end loop;
test$> end;
test$> /
NOTICE:  2
NOTICE:  4
NOTICE:  6
NOTICE:  8
NOTICE:  10
anonymous block execute
```

使用 continue when 的方式如下：

```
test=> begin
test$>     for i in 1..10 loop
test$>         continue when i%2=1;
test$>         raise notice '%',i;
test$>     end loop;
test$> end;
test$> /
NOTICE:  2
```

```
NOTICE:  4
NOTICE:  6
NOTICE:  8
NOTICE:  10
anonymous block execute
```

9.3 游标

读取数据表中的记录并进行逐行处理的场景非常常见。但使用 select...into 语句将查询结果存放到变量中进行处理的方法只能返回一条记录（若返回多条，就会产生 too_many_rows 错误）。这时需要使用游标进行多行数据处理。

游标是指向上下文区域的句柄或指针，通常用来对多行数据进行逐行处理。

定义游标的语法如下：

```
cursor cursor_name  [ binary ]  [ no scroll ]  [ { with | without } hold ]
for query ;
```

通过游标检索数据的语法如下：

```
fetch [ direction { from | in } ] cursor_name;
```

使用完游标后，还需要关闭游标，这样才能释放与一个游标关联的所有资源。

关闭游标的语法如下：

```
close { cursor_name | all } ;
```

注意，定义游标必须在事务中进行。

此外可以使用简便的隐式游标方式。例如：

```
begin
for cur in (select col1,col2 from t1) loop
raise notice '%, %',cur.col1,cur.col2;
...
end loop;
end;
```

隐式游标无须事先声明（也无须考虑创建事务），使用完毕（循环结束）后会自动关闭。推荐使用这种方式。

9.4 动态 SQL

在某些应用场景中，有时需要根据参数（如表名、列名、排序方式等）生成 SQL 语句并执行，此时可以使用动态 SQL。最常用的方式就是将 SQL 命令和参数拼接成一个完整的SQL语句。

例如，求test模式下，test用户拥有的所有表的记录数：

```
declare
    rows_count int;
begin
     for cur_tab in(select tablename from pg_tables where tableowner='test'
and schemaname='test') loop
         execute immediate 'select count(*) from '|| cur_tab.tablename into
rows_count;
        raise notice '% rows = %',cur_tab.tablename,rows_count;
    end loop;
end;
```

该程序先从系统视图pg_tables中获取所有符合条件的表名，然后通过动态SQL将表名拼接起来并执行。

动态SQL也可以使用占位符方式向拼接的SQL中传输参数。例如：

```
declare
    p1 varchar;
    p2 int;
begin
    p1='a';
    p2=100;
    execute immediate 'insert into t1 values(:1, :2)' using p1,p2;
end;
```

注意，动态SQL的参数只能是值、变量或表达式，不能是表名、列名、数据类型等。

9.5　存储过程

存储过程是存放在数据库中的经过编译的过程化SQL代码。与其他高级程序设计语言相比，存储过程最大的优点是执行效率高，整个数据处理过程都在数据库中进行，无须将数据读取到客户端，节省了数据传输的资源消耗，尤其适合大数据量、逻辑复杂的计算。

创建存储过程的语法如下：

```
create or replace procedure procedure_name
    [ ( {[ argname ] [ argmode ] argtype [ = expression ]}[,…]) ]
    { is | as }
```

```
brgin
  procedure_body
end
```

参数说明如下。

argmode：参数的模式。

取值范围：in、out、inout 或 variadic（数组类型），默认值是 in。只有 out 模式的参数能跟在 variadic 参数之后。

- in 参数是存储过程的输入参数，它将存储过程外部的值传递给存储过程使用。
- out 参数是存储过程的输出参数，存储过程在执行时会将执行的中间结果赋值给 out 参数，存储过程执行完毕后，外部用户可以通过 out 参数获得存储过程的执行结果。
- inout 参数则同时具有 in 参数和 out 参数的性质，它既是存储过程的输入参数，同时在存储过程执行中也会通过 inout 参数将中间结果输出给外部用户。

argname：参数的名称。

取值范围：字符串，要符合标识符的命名规范。

argtype：参数的数据类型。可以使用 %type 或 %rowtype 间接引用变量或表的类型。

取值范围：可用的数据类型。

调用存储过程的语法如下：

```
call procedure_name ( param_expr );
```

删除存储过程的语法如下：

```
drop procedure procedure_name ;
```

元命令 \df 可以查看存储过程和函数，若要查看详细信息，则可以用 \df+。通过系统表 pg_proc 还可以查看到存储过程的代码。通过 openGauss 数据库提供的图形化工具 Data Studio 查看、修改存储过程和函数也很方便。

9.6 自定义函数

函数可以看作带有返回值的存储过程。使用过程化 SQL 创建自定义函数，丰富了 SQL 功能，提高了程序开发和系统运行的效率。

创建自定义函数的语法如下：

```
create [ or replace  ] function function_name
    ( [  { argname [ argmode  ] argtype [  { default | := | =  } expression  ] }
  [, ...]  ] )
    return rettype [ deterministic  ]
    [
```

```
        {immutable  | stable  | volatile }
        | {shippable | not shippable}
        | {package}
        | [ not  ] leakproof
        | {called on null input  | returns null on null input  | strict }
        | {[ external  ] security invoker  | [ external  ] security definer | |
authid definer  | authid current_user}
        | cost execution_cost
        | rows result_rows
        | set configuration_parameter { {to | =} value | from current }
        | comment 'text'
    ][…]
    {
        is | as
    } plsql_body
```

例如，创建一个整数相加的函数：

```
create or replace function fun_add(a int,b int default 0) return int
as
begin
    return a+b;
end;
```

其中，参数 b 的默认值为 0，如果调用函数时只输入了一个参数，则第二个参数 b 为 0。

9.7　自治事务

自治事务（autonomous transaction）是在主事务执行过程中新创建的独立的事务。自治事务的提交和回滚不会影响主事务已提交的数据，同时自治事务也不受主事务影响。

自治事务在程序块中使用关键字 pragma autonomous_transaction 来声明定义。

例如，表 t1 的结构如下：

```
test=> \d t1
              Table "test.t1"
 Column |          Type          | Modifiers
--------+------------------------+-----------
     c1 | character varying(20)  |
   data |                integer |
```

创建包含自治事务的存储过程 p1：

```
create or replace procedure p1(i int) as
pragma autonomous_transaction;
begin
    insert into t1 values('p1',i);
    commit;
end;
```

创建不包含自治事务的存储过程 p2：

```
create or replace procedure p2(i int) as
begin
    insert into t1 values('p2',i);
end;
```

创建主事务存储过程 main，其中包含调用 p1、p2：

```
create or replace procedure main as
begin
    insert into t1 values('main',1);
    p1(2);
    p2(3);
    insert into t1 values('main',4);
end;
```

执行情况如下：

```
test=> truncate table t1;
truncate table
test=> call main();
 main
------

(1 row)
test=> select * from t1;
  c1  | data
------+------
 main |    1
   p1 |    2
   p2 |    3
 main |    4
```

```
(4 rows)
```

可以看到，主事务程序及其调用的 p1、p2 存储过程共向表 t1 中插入 4 条记录。

将存储过程 p1 的 commit 改为 rollback：

```
create or replace procedure p1(i int) as
pragma autonomous_transaction;
begin
    insert into t1 values('p1',i);
    rollback;
end;
```

再次执行主事务程序，情况如下：

```
test=> truncate table t1;
truncate table
test=> call main();
 main
------

(1 row)
test=> select * from t1;
  c1   | data
-----------+---------
 main |    1
   p2 |    3
 main |    4
(3 rows)
```

可以看到，p1 的 rollback 操作仅仅将自己插入的记录回滚，p2、main 两个存储过程的执行不受影响。

将 p1 的 rollback 恢复成 commit，并在主事务程序中加入 rollback 操作：

```
create or replace procedure main AS
begin
    insert into t1 values('main',1);
    p1(2);
    p2(3);
    insert into t1 values('main',4);
    rollback;
end;
```

重新执行，情况如下：

```
test=> truncate table t1;
truncate table
test=> call main();
 main
------


(1 row)
test=> select * from t1;
 c1 | data
-------+----------
 p1 |    2
(1 row)
```

可以看到，主事务程序插入的两条记录及存储过程 p2 插入的一条记录都被回滚了。包含自治事务的存储过程 p1 不受主事务程序的影响，插入的数据记录保存成功。

在非自治事务的存储过程 p2 中增加 rollback 操作：

```
create or replace procedure p2(i int) as
begin
    insert into t1 values('p2',i);
    rollback;
end;
```

主事务程序删除 rollback 操作，恢复到原来的状态：

```
create or replace procedure main as
begin
    insert into t1 values('main',1);
    p1(2);
    p2(3);
    insert into t1 values('main',4);
end;
```

重新执行，情况如下：

```
test=> truncate table t1;
truncate table
test=> call main();
 main
------
```

```
(1 row)
test=> select * from t1;
  c1  | data
-----------+---------
   p1 |    2
 main |    4
(2 rows)
```

可以看到，p2 的 rollback 操作将之前 main 程序插入的第一条记录回滚了，但 p1 插入的记录不受影响，main 程序之后插入的记录也不受影响。

从以上测试可以看到，自治事务的提交和回滚不会影响其他事务，也不受其他事务的影响。

9.8 触发器

触发器是在指定的数据库事件发生时自动执行的函数。

创建触发器的语法如下：

```
create trigger trigger_name { before | after | instead of } { event [ or … ] }
    on table_name
    [ for [ each ] { row | statement } ]
    [ when ( condition ) ]
    execute procedure function_name ( arguments );
```

参数说明如下。

- trigger_name：触发器名称。
- before：触发器函数是在触发事件发生前执行的。
- after：触发器函数是在触发事件发生后执行的。
- instead of：触发器函数直接替代触发事件。
- event：启动触发器的事件，取值范围包括 insert、update、delete 或 truncate，也可以通过 or 同时指定多个触发事件。
- table_name：触发器对应的表名称。
- for each row | for each statement：触发器的触发频率。for each row 是指该触发器是受触发事件影响的每一行触发一次。for each statement 是指该触发器是每个 SQL 语句只触发一次。未指定时默认值为 for each statement。约束触发器只能指定为 for each row。
- function_name：用户定义的函数，必须声明为不带参数并且返回类型为触发器，在触发器触发时执行。

- arguments：在调用触发器函数时，可以提供可选的以逗号分隔的参数列表。

例如，针对表 t1 创建操作记录表，将对表 t1 的所有数据变更操作（变更操作时间、操作类型、发生变更的数据字段）记录下来。

数据表中的数据发生变更的操作有插入、删除、更新和表截断。不同的操作需要记录不同的信息：插入和删除只须记录插入和删除记录各个字段的值即可，更新则需要记录所有字段更新前、更新后的值，表截断操作只须记录操作类型即可。

首先，针对表 t1 的结构，创建记录表 operation_t1：

```
test=> \d t1
            Table "test.t1"
 Column |         Type          | Modifiers
--------+-----------------------+-----------
     c1 | character varying(20) |
   data |               integer |

test=> \d operation_t1
                    Table "test.operation_t1"
  Column   |              Type              |      Modifiers
-----------+--------------------------------+----------------------
  op_time  | timestamp(0) without time zone | default "sysdate"()
       op  |         character varying(100) |
   old_c1  |          character varying(20) |
 old_data  |                        integer |
   new_c1  |          character varying(20) |
 new_data  |                        integer |
```

针对插入操作，创建相应的触发器和触发器函数：

```
create trigger trigger_t1_insert
after insert on t1
for each row
execute procedure t1_trigger_insert();
create or replace function t1_trigger_insert return trigger as
begin
    insert into operation_t1(op,new_c1,new_data) values('insert',new.
c1,new.data);
    return null;
```

```
end;
```

针对删除操作，创建相应的触发器和触发器函数：

```
create trigger trigger_t1_delete
after delete on t1
for each row
execute procedure t1_trigger_del();
create or replace function t1_trigger_del return trigger as
begin
    insert into operation_t1(op,old_c1,old_data) values('delete',old.c1,old.
data);
    return null;
end;
```

针对更新操作，创建相应的触发器和触发器函数：

```
create trigger trigger_t1_update
after update on t1
for each row
execute procedure t1_trigger_update();
create or replace function t1_trigger_update return trigger as
begin
    insert into operation_t1(op,old_c1,old_data,new_c1,new_data)
values('update',old.c1,old.data,new.c1,new.data);
    return null;
end;
```

针对表截断操作，创建相应的触发器和触发器函数：

```
create trigger trigger_t1_truncate
after truncate on t1
execute procedure t1_trigger_truncate();
create or replace function t1_trigger_truncate return trigger as
begin
    insert into operation_t1(op) values('truncate');
    return null;
end;
```

操作演示：

```
test=> truncate table t1;
truncate table
```

```
test=> insert into t1 values('a',1);
insert 0 1
test=> update t1 set data=2 where c1='a';
update 1
test=> delete from t1 where c1='a';
delete 1
test=> select * from operation_t1;
      op_time        |    op    | old_c1 | old_data | new_c1 | new_data
---------------------+----------+--------+----------+--------+----------
 2023-07-29 14:16:21 | truncate|        |          |        |
 2023-07-29 14:16:32 |   insert|        |          |      a |        1
 2023-07-29 14:16:53 |   update|      a |        1 |      a |        2
 2023-07-29 14:17:42 |   delete|      a |        2 |        |
(4 rows)
```

当使用\d命令查看表信息时，可以看到该表上创建的触发器信息。例如：

```
test=> \d t1
              Table "test.t1"
 Column |         Type          | Modifiers
--------+-----------------------+-----------
    c1  | character varying(20) |
  data  |               integer |
Triggers:
    trigger_t1_delete AFTER DELETE ON t1 FOR EACH ROW EXECUTE PROCEDURE t1_trigger_del()
    trigger_t1_insert AFTER INSERT ON t1 FOR EACH ROW EXECUTE PROCEDURE t1_trigger_insert()
    trigger_t1_truncate AFTER TRUNCATE ON t1 FOR EACH STATEMENT EXECUTE PROCEDURE t1_trigger_truncate()
    trigger_t1_update AFTER UPDATE ON t1 FOR EACH ROW EXECUTE PROCEDURE t1_trigger_update()
```

第10章 数据库的备份与恢复

数据备份是保护数据安全的最重要的手段。openGauss 数据库支持多种备份和恢复方式——逻辑备份与恢复、物理备份与恢复、闪回恢复。

10.1 逻辑备份与恢复

逻辑备份是通过逻辑导出对数据进行备份的方式。由于逻辑备份是基于备份时刻进行的数据转储，因此恢复时也只能恢复备份时刻保存的数据。因为没有故障点和备份点之间的数据，逻辑备份无法将数据恢复到故障发生前的最后时刻，所以，逻辑备份只适合那些变化较小的数据备份。

当某个数据表的数据需要恢复时，用逻辑备份进行恢复非常方便。但如果使用逻辑备份进行全库恢复，则需要先清空数据库（或者重新搭建一个新的数据库环境），然后导入备份的数据，才能使数据库恢复备份时刻。对于可用性要求很高的数据库，这种恢复方式的步骤较多，耗费时间也较长，且无法将数据库恢复到最新的状态。因此，逻辑备份通常只作为补充备份，主要用于对某些重要的数据表进行额外的数据备份。由于逻辑备份具有平台无关性，因此经常用作数据迁移的方法。

10.1.1 逻辑导出

gs_dump 是 openGauss 数据库用于逻辑导出的工具，用户可以根据需要将数据库中的数据对象（如模式、表、视图等）进行导出。注意，导出对象不包括回收站中保存的对象。支持导出的数据库可以是默认数据库 postgres，也可以是用户自己创建的数据库。

gs_dump 工具由安装数据库时使用的操作系统用户 omm 执行。gs_dump 工具在进行数据导出时不影响数据库运行，用户可以正常访问 openGauss 数据库并进行读写操作。

gs_dump 工具支持导出完整一致的数据。例如，T1 时刻启动 gs_dump 工具以导出数据库，那么导出的数据结果将会是 T1 时刻数据库的数据状态，T1 时刻之后对数据库的修改不会被导出。

gs_dump 工具导出的文件的格式分如下两种。

- 纯文本格式的 SQL 脚本文件。导出文件包含将数据库恢复为其保存时的状态所需的 SQL 语句。通过 gsql 运行文件中的 SQL 语句，即可恢复数据库。如果想将数据导入其他类型的数据库，需要对文件中的 SQL 语句修改为目的库的语法格式，然后在目的库端执行。

- 归档格式文件。导出文件包含将数据库恢复为其保存时的状态所需的数据，可以是 tar 格式、目录归档格式或自定义归档格式。归档格式备份必须与 gs_restore 工具配合使用，才能恢复数据库。gs_restore 工具在导入时，系统允许用户选择需要导入的内容。

gs_dump 工具的帮助信息的语法如下：

```
[omm@bogon ~]$ gs_dump --help
```

1. 命令语法

命令语法如下：

```
gs_dump [option]… [dbname]
```

2. 通用参数

通用参数说明如下。

-f, --file=filename：将输出发送到指定文件或目录。如果省略该参数，则使用标准输出。如果输出格式为 -F c/-F d/-F t，则必须指定 -f 参数。如果 -f 的参数值含有目录，则要求当前用户对该目录具有读写权限。

-F, --format=c|d|t|p：选择输出格式。取值范围如下。

- p|plain：输出一个文本 SQL 脚本文件（默认）。
- c|custom：输出一个自定义格式的归档，并且以目录形式输出，作为 gs_restore 工具的输入信息。该格式默认状态下会被压缩。
- d|directory：该格式会创建一个目录，该目录包含两类文件，一类是目录文件，另一类是每个表和 blob 对象对应的数据文件。
- t|tar：输出一个 tar 格式的归档形式，作为 gs_restore 工具的输入信息。tar 格式与目录格式兼容；tar 格式归档形式在提取过程中会生成一个有效的目录格式归档形式。但是，tar 格式不支持压缩且对于单独表有 8GB 的大小限制。

-v, --verbose：指定 verbose 模式。该选项将导致 gs_dump 工具向转储文件输出详细的对象注释，以及启动/停止次数，并向标准错误流输出处理信息。

-V, --version：显示 gs_dump 工具的版本号信息后退出。

-Z, --compress=0-9：指定使用的压缩级别。取值范围：0~9。0 表示无压缩；1 表示压缩比最小，处理速度最快；9 表示压缩比最大，处理速度最慢。针对自定义归档格式，该选项指定单个表数据片段的压缩，默认方式是以中等级别进行压缩。tar 格式和纯文本格式目前不支持压缩。

--lock-wait-timeout=timeout：锁定表的等待时间。在转储刚开始时一直等待以获取共享表锁。如果无法在指定时间内锁定某个表，就选择失败。可以以任何符合 set statement_timeout 的格式指定超时时间。

-?, --help：显示 gs_dump 工具的帮助信息后退出。

3. 转储参数

主要转储参数说明如下。

-a, --data-only：只输出数据，不输出模式（数据定义）。转储表数据、大对象和序列值。

-c, --clean：在将创建数据库对象的指令输出到备份文件之前，先将清理（删除）数据库对象的指令输出到备份文件中。该选项只对文本格式有意义。针对归档格式，可以在调用 gs_restore 工具时指定选项。

-C, --create：备份文件以创建数据库和连接到创建的数据库的命令开始。该选项只对文本格式有意义。针对归档格式，可以在调用 gs_restore 工具时指定选项。

-E, --encoding=encoding：以指定的字符集编码创建转储。默认情况下，以数据库编码创建转储。

-g, --exclude-guc=guc_param：该参数为扩展预留接口，不建议使用。

-n, --schema=schema：只转储与模式名称匹配的模式，此选项包括模式本身及其包含的所有对象。如果该选项没有指定，则所有在目标数据库中的非系统模式将会被转储。写入多个 -n 选项来选择多个模式。所以多个模式也可以通过在该 pattern 中写入通配符来选择。使用通配符时，注意给 pattern 加引号，防止 shell 扩展通配符。

注意事项如下。

- 当已指定 -n 时，gs_dump 工具不会转储已选模式所附着的任何其他数据库对象。因此，无法保证某个指定模式的转储结果能够自行成功地存储到一个空数据库中。
- 当指定 -n 时，非模式对象不会被转储。

转储支持多个模式的转储。多次输入 -n schemaname 将转储多个模式。

例如：

```
gs_dump -h host_name -p port_number postgres -f backup/bkp_shl2.sql -n sch1
-n sch2
```

在上面的示例中，sch1 和 sch2 会被转储。

-N, --exclude-schema=schema：不转储任何与模式 pattern 匹配的模式。pattern 将参照针对 -n 的相同规则来理解。可以通过输入多次 -N，不转储与任何 pattern 匹配的模式。当同时输入 -n 和 -N 时，会转储与至少一个 -n 选项匹配、与 -N 选项不匹配的模式。如果有 -N 而没有 -n，则不转储常规转储中与 -N 匹配的模式。转储过程支持排除多个模式。在转储过程中，输入 -N exclude schema name 可以排除多个模式。

例如：

```
gs_dump -h host_name -p port_number postgres -f backup/bkp_shl2.sql -N sch1
-N sch2
```

在上面的示例中，sch1 和 sch2 在转储过程中会被排除。

-o, --oids：转储每个表的 OID，并作为表的一部分数据。该选项用于需要 OID 列参与某些操作的场景。如果不是以上这种情况，请勿使用该选项。

-O, --no-owner：不输出设置对象的归属这样的命令，以匹配原始数据库。该选项只对文本格式有意义。针对归档格式，可以在调用 gs_restore 工具时指定选项。

-s, --schema-only：只转储对象定义（模式），而非数据。

-q, --target=version：指定导出兼容其他版本数据库的文本文件，目前支持 v1 和 v5 参数。v1 参数用于导出 v5 数据库的数据为兼容 v1 的文本文件；v5 参数用于导出 v5 数据库的数据为 v5 格式的文本文件，减少了导入 v5 时可能的报错情况。在使用 v1 参数时，建议和 --exclude-guc="enable_cluster_resize"、--exclude-function、--exclude-with 等选项共用，否则导入 v1 时可能报错。

-S, --sysadmin=name：该参数为扩展预留接口，不建议使用。

-t, --table=table：指定转储的表（也可以是视图、序列或外表）对象列表，可以使用多个 -t 选项来选择多个表，也可以使用通配符指定多个表对象。当使用通配符指定多个表对象时，注意给 pattern 加引号，防止 shell 扩展通配符。当使用 -t 时，-n 和 -N 没有任何效应，这是因为由 -t 选择的表的转储不受那些选项的影响。

说明如下。

- -t 参数的个数必须小于或等于 100。
- 如果 -t 参数的个数大于 100，则建议使用参数 --include-table-file 来替换。
- 当已指定 -t 时，gs_dump 工具不会转储已选表所附着的任何其他数据库对象。因此，无法保证某个指定表的转储结果能够自行成功地存储到一个空数据库中。
- -t tablename 只转储在默认搜索路径中可见的表。-t *.tablename 转储数据库下所有模式下的 tablename 表；-t schema.table 转储特定模式中的表。
- -t tablename 不会导出表上的触发器信息。

对于表名中包含大写字母的表，在使用 -t 参数指定导出时须为表名添加双引号。比如，对于表 "abC"，导出时须指定 -t "abC"；对于表 schema."abC"，导出时须指定 -t schema."abC"。

例如：

```
gs_dump -h host_name -p port_number postgres -f backup/bkp_shl2.sql -t
schema1.table1 -t schema2.table2
```

在上面的示例中，schema1.table1 和 schema2.table2 会被转储。

-T, --exclude-table=table：不转储的表（也可以是视图、序列或外表）对象列表，可以使用多个 -T 选项来选择多个表，也可以使用通配符指定多个表对象。当同时输入 -t 和 -T 时，会转储在 -t 列表中，而不在 -T 列表的表对象中。

例如：

```
gs_dump -h host_name -p port_number postgres -f backup/bkp_shl2.sql -T
```

```
table1 -T table2
```

在上面的示例中，table1 和 table2 在转储过程中会被排除。

--include-table-file=filename：指定需要转储的表文件。

--exclude-table-file=filename：指定不需要转储的表文件。

同 --include-table-file=filename，其内容格式如下：

```
schema1.table1
schema2.table2 -...
```

--pipeline：使用管道传输密码，禁止在终端中使用。

-x, --no-privileges|--no-acl：防止转储访问权限（授权/撤销命令）。

--column-inserts|--attribute-inserts：以 insert 命令带列名（insert into 表 (列…) 值…）方式导出数据。这会导致恢复缓慢。但是，由于该选项会针对每行生成一个独立的命令，因此在重新加载某行时出现的错误只会导致该行丢失（而非整个表的内容）。

--disable-dollar-quoting：该选项将禁止在函数体前使用符号 $，并强制使用 SQL 标准字符串语法对其进行引用。

--exclude-table-data=table：指定不转储任何匹配 pattern 的表的数据。依照针对 -t 的相同规则理解该 pattern。可多次输入 --exclude-table-data 来排除匹配任何 pattern 的表。当用户需要特定表的定义但不需要其中的数据时，这个选项很有帮助。若要排除数据库中所有表的数据，可参见 --schema-only。

--exclude-with：导出的表定义。

--inserts：生成 insert 命令（而非 copy 命令）来转储数据。这会导致恢复速度缓慢，但是，由于该选项会针对每行生成一个独立的命令，因此在重新加载某行时出现的错误只会导致该行丢失（而非整个表的内容）。注意，如果重排列顺序，则可能导致整个恢复失败。列顺序改变时，--column-inserts 选项不受影响，虽然恢复速度会更慢。

--no-publications：不转储发布。

--no-security-labels：该参数为扩展预留接口，不建议使用。

--no-subscriptions：不转储订阅。

--no-tablespaces：不输出选择表空间的命令。使用该选项时，无论默认表空间是哪个，在恢复过程中都会创建所有对象。该选项只对文本格式有意义。针对归档格式，可以在调用 gs_restore 工具时指定选项。

--include-alter-table：转储表删除列。该选项会记录列的删除。

--quote-all-identifiers：强制对所有标识符加引号。为了向后续版本迁移，且其中可能涉及引入额外关键词，在转储相应数据库时该选项会有帮助。

--section=section：指定已转储的名称区段（如 pre-data、data 和 post-data）。

--serializable-deferrable：转储过程中使用可串行化事务，以确保所使用的快照与之后的数据库状态一致。

--don't-overwrite-file：文本、tar 以及自定义格式情况下会重写现有文件。这对目录格式不适用。

例如，假设当前目录下已存在 backup.sql。如果在输入命令中输入 -f backup.sql 选项，当前目录恰好也生成 backup.sql，则文件就会被重写。

如果备份文件已存在，且输入 --don't-overwrite-file 选项，则会报告附带“转储文件已经存在”信息的错误。例如：

```
gs_dump --p port_number postgres --f backup.sql --F plain --don't-overwrite-file
```

--use-set-session-authorization：输出符合 SQL 标准的 set session authorization 命令而不是 alter owner 命令来确定对象所有权。

--exclude-function：不导出函数和存储过程。

--with-encryption=AES128：指定转储数据须用 AES128 进行加密。

--with-key=key：AES128 密钥规则，密钥长度为 8~16 个字符；至少包含大写字母（A~Z）、小写字母（a~z）、数字（0~9）、非字母数字字符（限定为 ~、!、@、#、$、%、^、&、*、()、-、_、=、+、\、|、[、{}、]、;、:、,、<、.、>、/、?）4 类字符中的 3 类。

说明如下。

- 使用 gs_dump 工具进行加密导出时，仅支持导出为 plain 格式。通过 -F plain 导出的数据，需要通过 gsql 工具进行导入，而且如果以加密方式导入，在通过 gsql 导入时，则需要指定 --with-key 参数。
- 不支持加密导出存储过程和函数。

--with-salt=randvalues：gs_dumpall 使用此参数传递随机值。

--include-extensions：在转储中包含扩展。

--include-depend-objs：备份结果包含依赖于指定对象的对象信息。该参数同 -t/--include-table-file 参数关联使用时才会生效。

--exclude-self：备份结果不包含指定对象自身的信息。该参数同 -t/--include-table-file 参数关联使用时才会生效。

4. 连接参数

连接参数如下。

-h, --host=hostname：指定主机名称。如果数值以斜杠开头，则被用作到 UNIX 域套接字的路径。默认从环境变量 pghost 中获取（如果已设置），否则尝试一个 UNIX 域套接字连接。

该参数只针对远程客户端，而服务器本机只能使用 127.0.0.1。

-p, --port=port：指定主机端口。在开启线程池的情况下，建议使用 pooler port，即主机端口 +1。默认从环境变量 pgport 中获取端口。

-U, --username=name：指定所连接主机的用户名。当不指定连接主机的用户名时，用户默认为系统管理员。默认从环境变量 pguser 中获取用户名。

-w, --no-password：不出现输入密码提示。如果主机要求密码认证并且密码没有通过其他形式给出，则连接尝试将会失败。该选项在批量工作和不存在用户输入密码的脚本中很有帮助。

-W, --password=password：指定用户连接的密码。如果主机的认证策略是 trust，则不会对系统管理员进行密码验证，即无须输入 -W 选项；如果没有 -W 选项，并且不是系统管理员，dump restore 工具会提示用户输入密码。

--role=rolename：指定创建转储使用的角色名。选择该选项，会使 gs_dump 工具连接数据库后生成一个 set role 角色名命令。当所授权用户（由 -U 指定）没有 gs_dump 工具要求的权限时，该选项会起作用，即切换到具备相应权限的角色。某些安装操作规定不允许直接以超系统管理员身份登录，而使用该选项能够在不违反该规定的情况下完成转储。

--rolepassword=rolepassword：指定角色名的密码。

5. 注意事项

注意事项如下。

- -s/--schema-only 和 -a/--data-only 不能同时使用。
- -c/--clean 和 -a/--data-only 不能同时使用。
- --inserts/--column-inserts 和 -o/--oids 不能同时使用，因为 insert 命令不能设置 OIDS。
- --role 和 --rolepassword 必须一起使用。
- --binary-upgrade-usermap 和 --binary-upgrade 必须一起使用。
- --include-depend-objs/--exclude-self 需要同 -t/--include-table-file 参数关联使用才会生效。
- --exclude-self 必须同 --include-depend-objs 一起使用。

6. 常用参数

使用 gs_dump 工具的参数进行的操作主要有如下几种。

1）导出数据库

例如，使用用户 omm 导出数据库 test，文件保存在 /home/omm 中，相关语法如下：

```
gs_dump test -f /home/omm/test.sql
```

导出的 SQL 语句默认使用 copy 命令，如果想改为 insert 命令，则可以加上参数 --insert，相关语法如下：

```
gs_dump test --insert -f /home/omm/test.sql
```

2）导出表

例如，使用用户 omm 导出数据库 test 中的表 t1，相关语法如下：

```
gs_dump test -t t1 -f /home/omm/t1.sql
```

如果要导出多个表，则使用多个 -t，例如，导出表 t1 和表 t2，相关语法如下：

```
gs_dump test -t t1 -t t2 -f /home/omm/t1_t2.sql
```

如果要导出为其他格式，则加参数 -F c|d|t。

3）导出模式

例如，使用用户 omm 导出数据库 test 的模式 test，相关语法如下：

```
gs_dump test -n test -f /home/omm/test.sql
```

4）使用文本 SQL 脚本文件恢复数据

如果使用纯文本 SQL 脚本文件恢复数据，则需要使用 gsql 工具。例如，恢复 test 库下的表 t1、表 t2，相关语法如下：

```
gsql -d test -f /home/omm/t1_t2.sql
```

此外，openGauss 数据库还提供了 gs_dumpall 工具，用于导出所有数据库相关信息，它可以导出 openGauss 数据库的所有数据，包括默认数据库 postgres 的数据、自定义数据库的数据及 openGauss 数据库所有公共的数据库全局对象。

10.1.2 逻辑导入

gs_restore 是 openGauss 数据库提供的数据导入工具。通过此工具可以将 gs_dump 工具生成的导出文件进行数据导入。

gs_restore 工具由操作系统用户 omm 执行。

常用的功能如下。

- 导入数据库。如果连接参数中指定数据库，则数据将被导入指定的数据库中。其中，并行导入必须指定连接的密码。
- 导入脚本文件。如果未指定导入数据库，则创建包含重建数据库所必需的 SQL 语句脚本并写入文件中或者进行标准输出。等效于直接使用 gs_dump 工具导出为纯文本格式。

gs_restore 工具的帮助信息的语法如下：

```
[omm@bogon ~]$ gs_restore --help
```

1. 命令语法

命令语法如下：

```
gs_restore [OPTION]… FILE
```

2. 通用参数

主要通用参数说明如下。

-d, --dbname=name：连接数据库并直接导入该数据库中。

-f, --file=filename：指定生成脚本的输出文件，或使用 -l 时列表的输出文件。默认是标准输出。

注意，-f 不能同 -d 一起使用。

-F, --format=c|d|t：指定归档格式。由于 gs_restore 工具会自动决定格式，因此不需要指定格式。取值范围如下。

- c/custom，该归档形式为gs_dump工具的自定义格式。
- d/directory，该归档形式是一个目录归档形式。
- t/tar，该归档形式是一个tar归档形式。

-l, --list：列出归档形式内容。这一操作的输出可用作-L选项的输入。注意，如果像-n或-t的过滤选项与-l使用，过滤选项将会限制列举的项目（即归档形式内容）。

-v, --verbose：指定verbose模式。

-V, --version：显示gs_restore工具的版本号信息后退出。

-?, --help：显示gs_restore工具的帮助信息后退出。

3. 导入参数

主要导入参数如下。

-a, --data-only：只导入数据，不导入模式（数据定义）。gs_restore工具的导入是以追加方式进行的。

-c, --clean：在重新创建数据库对象前，清理（删除）已存在于将要还原的数据库中的数据库对象。

-C, --create：导入数据库之前会先使用create database命令创建数据库。指定该选项后，-d指定的数据库仅用以执行create database命令，所有数据依然会导入创建的数据库中。

-e, --exit-on-error：当发送SQL语句到数据库时，如果出现错误，则退出。默认状态下会继续，并且在导入后显示一系列错误信息。

-I, --index=name：只导入已列举的index的定义。允许导入多个index。如果多次输入-I index，则导入多个index。

例如：

```
gs_restore -h host_name -p port_number -d postgres -I Index1 -I Index2
backup/MPPDB_backup.tar
```

-j, --jobs=num：对于gs_restore工具最耗时的部分（如加载数据、创建index或创建约束），可以使用并发任务。该选项可以大幅缩短导入时间。该选项只支持自定义归档格式，输入文件必须是常规文件（不能是pipe一类的文件）。如果是通过脚本文件，而非直接连接数据库服务器，则该选项可忽略。而且，多任务不能与--single-transaction选项一起使用。

-L, --use-list=filename：只导入列举在list-file中的那些归档形式元素，导入顺序以它们在文件中的顺序为准。注意，如果像-n或-t的过滤选项与-L使用，它们将会进一步限制导入的项目。一般情况下，list-file是通过编辑前面提到的某个-l参数的输出而创建的。文件行的位置可更改或直接删除。

-n, --schema=name：只导入已列举的模式中的对象。该选项可与-t选项一起用于导入某个指定的表。多次输入-n _schemaname_，可以导入多个模式。

例如：

```
gs_restore -h host_name -p port_number -d postgres -n sch1 -n sch2 backup/MPPDB_backup.tar
```

-O, --no-owner：不输出设置对象的归属这样的命令，以匹配原始数据库。默认情况下，gs_restore 工具会生成 alter owner 或 set session authorization 语句以设置所创建的模式元素的所属所有人。除非是由系统管理员（或拥有脚本中所有对象的同一个用户）进行数据库首次连接的操作，否则语句会失败。使用 -O 选项，任何用户名都可用于首次连接，且该用户拥有所有已创建的对象。

-P, --function=name(args)：只导入已列举的函数。可按照函数所在转储文件中的目录，准确拼写函数名称和参数。当单独使用 -P 时，表示导入文件中所有 function-name(args) 函数；当 -P 同 -n 一起使用时，表示导入指定模式下的 function-name(args) 函数；多次输入 -P，而仅指定一次 -n，表示所有导入的函数默认都是位于 -n 模式下的。多次输入 -n schema-name -P 'function-name(args)'，可以同时导入多个指定模式下的函数。

例如：

```
gs_restore -h host_name -p port_number -d postgres -n test1 -P 'Func1(integer)' -n test2 -P 'Func2(integer)' backup/MPPDB_backup.tar
```

-s, --schema-only：只导入模式（数据定义），不导入数据（表内容）。当前的序列值也不会导入。

-t, --table=name：只导入已列举的表定义、数据或定义和数据。该选项与 -n 选项同时使用时，用来指定某个模式下的表对象。不输入 -n 参数时，默认为 public 模式。多次输入 -n <schemaname> -t <tablename>，可以导入指定模式下的多个表。

例如下面的示例。

导入 public 模式下的 table1，相关语法如下：

```
gs_restore -h host_name -p port_number -d postgres -t table1 backup/MPPDB_backup.tar
```

导入 test1 模式下的 test1 及 test2 模式下的 test2，相关语法如下：

```
gs_restore -h host_name -p port_number -d postgres -n test1 -t test1 -n test2 -t test2 backup/MPPDB_backup.tar
```

导入 public 模式下的 table1 及 test1 模式下的 test1，相关语法如下：

```
gs_restore -h host_name -p port_number -d postgres -n PUBLIC -t table1 -n test1 -t table1 backup/MPPDB_backup.tar
```

说明

-t 不支持 schema_name.table_name，指定此格式不会报错，也不会生效。

-x, --no-privileges|--no-acl：防止导入访问权限（grant/revoke 命令）。

-1, --single-transaction：执行导入作为一个单独事务（即把命令包围在 begin/commit 中）。该选项确保要么所有命令成功完成，要么没有改变应用。该选项意为 --exit-on-error。

--no-data-for-failed-tables：默认状态下，即使创建表的命令失败（如表已经存在），表数据仍会被导入。使用该选项，像这种表的数据会被跳过。如果目标数据库已包含想要的表内容，这种行为会有帮助。该选项只有在直接导入某数据库时有效，不适用于生成 SQL 脚本文件的情况。

--no-publications：不导入发布。

--no-subscriptions：不导入订阅。

--no-tablespaces：不输出选择表空间的命令。使用该选项时，无论默认表空间是哪个，在导入过程中都会创建所有对象。

--section=section：导入已列举的区段（如 pre-data、data 或 post-data）。

--use-set-session-authorization：该选项用来进行文本格式的备份。输出 set session authorization 命令，而非 alter owner 命令，用以决定对象归属。

--pipeline：使用管道传输密码，禁止在终端中使用。

注意，如果在安装过程中需要将任何本地数据添加到 template1 数据库，请谨慎将 gs_restore 工具的输出载入一个真正的空数据库中，否则可能会因为复制了被添加对象的定义而出现错误。要创建一个无本地添加的空数据库，须从 template0（而非 template1）复制，例如：

```
create database foo with template template0;
```

gs_restore 不能选择性地导入大对象。例如，只能导入那些指定表的对象。如果某个归档形式包含大对象，那么所有大对象都会被导入或一个都不会被导入。如果此归档对象通过 -L、-t 或其他选项被排除，那么所有大对象一个都不会被导入。

4. 连接参数

连接参数如下。

-h, --host=hostname：指定的主机名称。如果取值以斜线开头，它将用作 UNIX 域套接字的目录。默认值取自环境变量 pghost；如果没有设置，将启动某个 UNIX 域套接字建立连接。本机只能用 127.0.0.1。

-p, --port=port：指定服务器所侦听的 TCP 端口或本地 UNIX 域套接字后缀，以确保连接。默认值设置为环境变量 pgport。在开启线程池的情况下，建议使用 pooler port，即侦听端口 +1。

-U, --username=name：所连接的用户名。默认使用环境变量 pguesr 来获取用户名。

-w, --no-password：不出现输入密码提示。如果服务器要求密码认证并且密码没有通过其他形式给出，则连接尝试将会失败。该选项在批量工作和不存在用户输入密码的脚本中很有帮助。

-W, --password=password：指定用户连接的密码。如果主机的认证策略是 trust，则不会对系统管理员进行密码验证，即无须输入 -W 参数；如果没有 -W 参数，并且不是系统管理员，gs_restore 工具会提示用户输入密码。

--role=rolename：指定导入操作使用的角色名。选择该参数，会使 gs_restore 工具连接数据库后生成一个 set role 角色名命令。当所授权用户（由 -U 指定）没有 gs_restore 工具要求的权限时，该参数会起到作用，即切换到具备相应权限的角色。某些安装操作规定不允许直接以初始用户身份登录，而使用该参数能够在不违反该规定的情况下完成导入。

--rolepassword=rolepassword：指定具体角色用户的角色密码。

5. 注意事项

注意事项如下。

- -d/--dbname 和 -f/--file 不能同时使用。
- -s/--schema-only 和 -a/--data-only 不能同时使用。
- -c/--clean 和 -a/--data-only 不能同时使用。
- 当使用 --single-transaction 时，-j/--jobs 必须为单任务。
- --role 和 --rolepassword 必须一起使用。

6. 逻辑导入常用的方式

逻辑导入常用的操作有以下几种。

1）导入表

例如，将表 t1、t2 的备份导入数据库 test，相关语法如下：

```
gs_restore -d test /home/omm/t1_t2.tar
```

如果要覆盖原来的数据，可以添加参数 -c，相关语法如下：

```
gs_restore -d test --c /home/omm/t1_t2.tar
```

2）导入模式

例如，使用数据库 test 的备份恢复模式 test，相关语法如下：

```
gs_restore -d test -n test -c /home/omm/test.dmp
```

如果不覆盖现有数据，则不使用参数 -c，相关语法如下：

```
gs_restore -d test -n test /home/omm/test.dmp
```

3）导入整个数据库

例如，使用数据库 test 的备份将数据库恢复至备份时的状态，相关语法如下：

```
gs_restore -d test -c /home/omm/test.dmp
```

10.2 物理备份与恢复

物理备份是通过复制物理文件的方式对数据库进行备份。通过备份的数据文件及归档日志等文件，数据库可以进行完全恢复（恢复日志记录的最后时刻）。与逻辑备份相比，由于物理备份可以提供更快速、更高效的备份和恢复过程，因此成为数据库备份的主要手段。

注意，openGauss 数据库轻量版不支持物理备份和恢复。

10.2.1　gs_backup

gs_backup 工具用来进行 openGauss 数据库的备份和恢复。需要以操作系统用户 omm 来执行 gs_backup 工具。

1. 相关语法

备份数据库主机的语法如下：

```
gs_backup -t backup --backup-dir=backupdir [-h hostname] [--parameter] [--binary] [--all] [-l logfile]
```

恢复数据库主机的语法如下：

```
gs_backup -t restore --backup-dir=backupdir [-h hostname] [--parameter] [--binary] [--all] [-l logfile] [--force]
```

显示帮助信息的语法如下：

```
gs_backup -? | --help
```

显示版本号信息的语法如下：

```
gs_backup -V | --version
```

2. 备份数据库主机的参数

备份数据库主机的参数如下。

-h：指定存储备份文件的主机名称。取值范围：主机名称。如果不指定主机名称，则备份当前数据库实例。

--backup-dir=backupdir：备份文件保存路径。

--parameter：备份参数文件，如果不指定 --parameter、--binary、--all 参数，则默认只备份参数文件。

--binary：备份 app 目录下的二进制文件。

--all：备份 app 目录下的二进制文件、pg_hba.conf 和 postgsql.conf 文件。

-l：指定日志文件及存放路径。默认值：$GAUSSLOG/om/gs_backup-YYYY-MM-DD_hhmmss.log。

3. 恢复数据库主机的参数

恢复数据库主机的参数如下。

-h：指定需要恢复主机的名称。取值范围：主机名称。如果不指定主机，则恢复对应的备份节点。

--backup-dir=backupdir：恢复文件提取路径。

--parameter：恢复参数文件，如果不指定 --parameter、--binary、--all 参数，则默认只

恢复参数文件。

--binary：恢复二进制文件。

--all：恢复二进制和参数文件。

-l：指定日志文件及存放路径。默认值：$GAUSSLOG/om/gs_backup-YYYY-MM-DD_hhmmss.log。

--force：节点的静态文件丢失后强行重新存储，仅限 --all 或者 --binary 一起使用时生效。

4. 其他参数

其他需要注意的参数如下。

-?, --help：显示帮助信息。

-V, --version：显示版本号信息。

-t：指定操作类型。取值范围为 backup 或者 restore。

10.2.2 gs_basebackup

openGauss 数据库提供了 gs_basebackup 工具做基础的物理备份。gs_basebackup 工具的实现目标是对服务器数据库文件进行复制。远程执行 gs_basebackup 工具时，需要使用系统管理员账户。gs_basebackup 工具当前支持热备份模式和压缩格式备份。

说明如下。

- 仅支持主机和备机的全量备份，不支持增量。
- 在备份包含绝对路径的表空间时，如果在同一台机器上进行备份，可以通过 tablespace-mapping 重定向表空间路径或使用归档模式进行备份。
- 若开启增量检查点功能且打开双写，gs_basebackup 工具也会备份双写文件。
- 若 pg_xlog 目录为软链接，则备份时将不会建立软链接，会直接将数据备份到目的路径的 pg_xlog 目录下。
- 在备份过程中收回用户备份权限，则可能导致备份失败或者备份数据不可用。
- 如果网络临时故障等原因导致服务器无应答，gs_basebackup 工具将在最长等待 120s 后退出。

1. 相关语法

显示帮助信息的语法如下：

```
gs_basebackup -? | --help
```

显示版本号信息的语法如下：

```
gs_basebackup -V | --version
```

2. 常用参数

常用参数如下。

-D directory：备份文件输出的目录，必选项。

-c, --checkpoint=fast|spread：设置检查点模式为 fast 或者 spread。

-l, --label=LABEL：为备份设置标签。

-P, --progress：启用进展报告。

-v, --verbose：启用冗长模式。

-V, --version：显示版本号信息后退出。

-?, --help：显示 gs_basebackup 工具的参数。

-T, --tablespace-mapping=olddir=newdir：在备份期间将目录 olddir 中的表空间重定位到 newdir 中。为使之有效，olddir 必须正好匹配表空间所在的路径（但如果备份中没有包含 olddir 中的表空间也不是错误）。olddir 和 newdir 必须是绝对路径。如果一个路径凑巧包含一个“=”符号，可用反斜线对它转义。对于多个表空间，可以多次使用这个选项。

-F, --format=plain|tar：设置输出格式为 plain 或者 tar，默认值为 plain。plain 格式把输出写成平面文件，使用和当前数据目录和表空间相同的布局。当集簇没有额外表空间时，整个数据库将被放在目标目录中。如果集簇包含额外的表空间，主数据目录将被放置在目标目录中，但是所有其他表空间将被放在它们位于服务器上的相同的绝对路径中。tar 模式将输出写成目标目录中的 tar 文件。主数据目录将被写入一个名为 base.tar 的文件中，并且其他表空间将被以其 OID 命名。而生成的 tar 包，需要用 gs_tar 命令解压。

-X, --xlog-method=fetch|stream：设置 xlog 传输方式，默认为 --xlog-method=stream。在备份中包括所需的 WAL 文件。这包括所有在备份期间产生的 WAL。fetch 方式在备份末尾收集 WAL 文件。因此，有必要把 wal_keep_segments 参数设置得足够高，这样在备份末尾之前日志不会被移除。如果要被传输的日志已经被轮转，备份将失败并且是不可用的。stream 方式在备份被创建时流传送 WAL。这将开启一个到服务器的第二连接并且在运行备份时并行开始流传输 WAL。因此，它将使用最多两个由 max_wal_senders 参数配置的连接。只要客户端能保持接收 WAL，当使用这种模式时，不需要在主控机上保存额外的 WAL。

-x, --xlog：使用这个选项等效于和 fetch 方式一起使用 -X。

-Z --compress=level：启用对 tar 文件输出的 gzip 压缩，并且制定压缩级别（范围为 0~9，0 表示不压缩，9 表示最佳压缩）。只有使用 tar 格式时压缩才可用，并且会在所有 tar 文件名后面自动加上扩展名 .gz。

-z：启用对 tar 文件输出的 gzip 压缩，使用默认的压缩级别。只有使用 tar 格式时压缩才可用，并且会在所有 tar 文件名后面自动加上扩展名 .gz。

-t, --rw-timeout：设置备份期间检查点的时间限制，默认限制时间为 120s。当数据库全量检查点耗时较长时，可以适当增大 rw-timeout 限制时间。

3. 连接参数

连接参数如下。

-h, --host=hostname：指定正在运行的服务器的主机名或者 UNIX 域套接字的路径。

-p, --port=port：指定数据库服务器的端口。使用默认端口时可省略。

-U, --username=username：指定连接数据库的用户。

-s, --status-interval=interval：发送到服务器的状态包的时间（单位为秒）。

-w,--no-password：不出现输入密码提示。

-W, --password：当使用 -U 参数连接本地数据库或者远程连接数据库时，可通过指定该选项，以显示输入密码的提示。

10.2.3 PITR 恢复

当数据库崩溃或希望回退到数据库之前的某一状态时，openGauss 数据库的即时恢复功能 PITR（Point-In-Time Recovery，基于时间点的恢复）可以将数据库恢复到归档日志文件中记录的任意时间点。因此，PITR 属于不完全恢复。

1. 前提条件

前提条件如下。

- 基于已物理备份的全量数据文件。
- 基于已归档的 WAL 文件。

2. PITR 恢复流程

PITR 恢复流程如下。

- 用物理备份的文件替换目标数据库目录。
- 删除数据库目录下 pg_xlog/ 中的所有文件。
- 将归档的 WAL 文件复制到 pg_xlog 文件中（此步骤可以省略，可通过配置 recovery.conf 恢复命令文件中的 restore_command 项替代）。
- 在数据库目录下创建恢复命令文件 recovery.conf，指定数据库恢复的程度。
- 启动数据库。
- 连接数据库，查看是否恢复预期的状态。
- 若已经恢复预期的状态，则通过 pg_xlog_replay_resume() 指令使主节点对外提供服务。

3. recovery.conf 文件配置

1）归档恢复配置

```
restore_command = string
```

这个 shell 命令用于获取 WAL 文件集中已归档的 WAL 文件。字符串中的任何一个 %f 用归档检索中的文件名替换，而 %p 用服务器上的复制目的地的路径名替换。任意一个 %r 用包含最新可用重启点的文件名替换。

示例如下：

```
restore_command = 'cp /mnt/server/archivedir/%f %p'
archive_cleanup_command = string
```

这个参数声明了一个 shell 命令。在每次重启时会执行这个 shell 命令。archive_cleanup_command 为清理备库不需要的归档 WAL 文件提供一个机制。任何一个 %r 由包含最新可用重启点的文件名代替。由于这是最早的文件，因此必须保留以允许恢复能够重新启动，所有早于 %r 的文件都可以安全移除。

示例如下：

```
archive_cleanup_command = 'pg_archivecleanup /mnt/server/archivedir %r'
```

需要注意的是，如果有多台备服务器从相同的归档路径恢复，应确保任何一台备服务器在需要之前不能删除 WAL 文件。

```
recovery_end_command = string
```

这个参数是可选的，用于声明一个只在恢复完成时执行的 shell 命令。recovery_end_command 为以后的复制或恢复提供了清理机制。

2）恢复目标设置

```
recovery_target_name = string
```

这个参数声明还原到一个使用 pg_create_restore_point 函数创建的还原点。

示例如下：

```
recovery_target_name = 'restore_point_1'
recovery_target_time = timestamp
```

这个参数声明还原到一个指定时间戳。

示例如下：

```
recovery_target_time = '2020-01-01 12:00:00'
recovery_target_xid = string
```

这个参数声明还原到一个事务 ID。

示例如下：

```
recovery_target_xid = '3000'
recovery_target_lsn = string
```

这个参数声明还原到日志的指定 LSN 点。

示例如下：

```
recovery_target_lsn = '0/0FFFFFF'
recovery_target_inclusive = boolean
```

上述声明用于在指定恢复目标（true）之后停止，或在这（false）之前停止。该声明仅支持恢复目标为 recovery_target_time、recovery_target_xid 和 recovery_target_lsn 的配置。

示例如下：

```
recovery_target_inclusive = true
```

注意事项如下。

- recovery_target_name、recovery_target_time、recovery_target_xid 和 recovery_ target_lsn 这 4 个配置项仅同时支持一项。

- 如果不配置任何恢复目标，或配置目标不存在，则默认恢复最新的 WAL 点。

10.2.4 gs_probackup

gs_probackup 是一个用于管理 openGauss 数据库备份和恢复的工具，支持增量备份、定期备份和远程备份，还可以设置备份的留存策略。它对 openGauss 数据库实例进行定期备份，以便在数据库出现故障时能够恢复服务器。可用于备份单机数据库，也可对主机或者主节点数据库备机进行物理备份。可备份外部目录的内容，如脚本文件、配置文件、日志文件、转储文件等。

1. 前提条件

前提条件如下。

- 可以正常连接 openGauss 数据库。
- 若要使用 ptrack 增量备份，须在 postgresql.conf 中手动添加参数 enable_cbm_tracking = on。
- 为了防止 xlog 在传输结束前被清理，可适当调高 postgresql.conf 文件中 wal_keep_segments 的值。

2. 命令说明

显示 gs_probackup 工具的版本号信息的语法如下：

```
gs_probackup -V|--version
gs_probackup version
```

显示 gs_probackup 工具的摘要信息的语法如下：

```
gs_probackup -?|--help
gs_probackup help [command]
```

如果指定 gs_probackup 工具的子命令，则显示可用于此子命令的参数的详细信息。

初始化备份路径 _backup-path_ 中的备份目录，该目录将存储已备份的内容。如果备份路径 _backup-path_ 已存在，则 _backup-path_ 必须为空目录。相关语法如下：

```
gs_probackup init -B backup-path [--help]
```

在备份路径 _backup-path_ 内初始化一个新的备份实例，并生成 pg_probackup.conf 配置文件，该文件保存了指定数据目录 _pgdata-path_ 的 gs_probackup 设置。相关语法如下：

```
gs_probackup add-instance -B backup-path -D pgdata-path --instance=instance
_name
[-E external-directories-paths]
[remote_options] [dss_options]
[--help]
```

在备份路径 _backup-path_ 内删除指定实例相关的备份内容。相关语法如下：

```
gs_probackup del-instance -B backup-path --instance=instance_name
[--help]
```

将指定的连接、压缩、日志等相关设置添加到pg_probackup.conf配置文件中或修改已设置的值。相关语法如下：

```
gs_probackup set-config -B backup-path --instance=instance_name
[-D pgdata-path] [-E external-directories-paths] [--archive-timeout=timeout]
[--retention-redundancy=retention-redundancy] [--retention-window=retention-window] [--wal-depth=wal-depth]
[--compress-algorithm=compress-algorithm] [--compress-level=compress-level]
[-d dbname] [-h hostname] [-p port] [-U username]
[logging_options] [remote_options] [dss_options]
[--help]
```

注意，不推荐手动编辑pg_probackup.conf配置文件。

将备份相关设置添加到backup.control配置文件中或修改已设置的值。相关语法如下：

```
gs_probackup set-backup -B backup-path --instance=instance_name -i backup-id
[--note=text] [pinning_options]
[--help]
```

显示位于备份目录中的pg_probackup.conf配置文件的内容。可以通过指定--format=json选项，以JSON格式显示。相关语法如下：

```
gs_probackup show-config -B backup-path --instance=instance_name
[--format=plain|json]
[--help]
```

注意，默认情况下，显示为纯文本格式。

显示备份目录的内容的语法如下：

```
gs_probackup show -B backup-path
[--instance=instance_name [-i backup-id]] [--archive] [--format=plain|json]
[--help]
```

如果指定instance_name和backup_id，则显示该备份的详细信息。可以通过指定--format=json选项，以JSON格式显示。

注意，默认情况下，备份目录的内容显示为纯文本格式。

创建指定实例的备份的语法如下：

```
gs_probackup backup -B backup-path --instance=instance_name -b backup-mode
[-D pgdata-path] [-C] [-S slot-name] [--temp-slot] [--backup-pg-log] [-j threads_num] [--progress]
[--no-validate] [--skip-block-validation] [-E external-directories-paths]
```

```
[--no-sync] [--note=text]
    [--archive-timeout=timeout] [-t rwtimeout]
    [logging_options] [retention_options] [compression_options] [connection_options]
    [remote_options] [dss_options] [pinning_options][--backup-pg-replslot]
    [--help]
```

从备份目录 _backup-path_ 中的备份副本恢复指定实例的语法如下：

```
gs_probackup restore -B backup-path --instance=instance_name
    [-D pgdata-path] [-i backup_id] [-j threads_num] [--progress] [--force] [--no-sync] [--no-validate] [--skip-block-validation]
    [--external-mapping=OLDDIR=NEWDIR] [-T OLDDIR=NEWDIR] [--skip-external-dirs] [-I incremental_mode]
    [recovery_options] [remote_options] [dss_options] [logging_options]
    [--help]
```

如果指定恢复目标选项，则 gs_probackup 工具将查找最近的备份并将其还原到指定的恢复目标，否则使用最近一次备份。

将指定的增量备份与其父完全备份之间的所有增量备份合并到父完全备份。父完全备份将接收所有合并的数据，而已合并的增量备份将作为冗余被删除。相关语法如下：

```
gs_probackup merge -B backup-path --instance=instance_name -i backup_id
    [-j threads_num] [--progress] [logging_options]
    [--help]
```

删除指定备份或不满足当前保留策略的备份的语法如下：

```
gs_probackup delete -B backup-path --instance=instance_name
    [-i backup-id | --delete-expired | --merge-expired | --status=backup_status]
    [--delete-wal] [-j threads_num] [--progress]
    [--retention-redundancy=retention-redundancy] [--retention-window=retention-window]
    [--wal-depth=wal-depth] [--dry-run]
    [logging_options]
    [--help]
```

验证恢复数据库所需的所有文件是否存在且未损坏。如果未指定 _instance_name_，则 gs_probackup 工具将验证备份目录中的所有可用备份；如果指定 _instance_name_ 而不指定任何附加选项，则 gs_probackup 工具将验证此备份实例的所有可用备份；如果指定 _instance_name_ 并且指定 _backup-id_ 或恢复目标相关选项，则 gs_probackup 工具将检查是否可以使用这些选项恢复数据库。相关语法如下：

```
gs_probackup validate -B backup-path
[--instance=instance_name] [-I backup-id]
[-j threads_num] [--progress] [--skip-block-validation]
[--recovery-target-time=time | --recovery-target-xid=xid | --recovery-target-lsn=lsn | --recovery-target-name=target-name]
[--recovery-target-inclusive=boolean]
[logging_options]
[--help]
```

3. 参数说明

1）通用参数

command：除了version和help以外，gs_probackup工具的子命令还包括init、add-instance、del-instance、set-config、set-backup、show-config、show、backup、restore、merge、delete和validate。

-?, --help：显示gs_probackup工具的帮助信息后退出。子命令中只能使用--help，而不能使用-?。

-V, --version：显示gs_probackup工具的版本号信息后退出。

-B backup-path, --backup-path=backup-path：备份的路径。系统环境变量为$BACKUP_PATH。

-D pgdata-path, --pgdata=pgdata-path：数据目录的路径。系统环境变量为$PGDATA。

--instance=instance_name：实例名。

-i backup-id, --backup-id=backup-id：备份的唯一标识。

--format=format：指定显示备份信息的格式，支持plain和JSON格式。默认值为plain。

--status=backup_status：删除指定状态的所有备份，涉及的状态如下。

- OK：备份已完成且有效。
- DONE：备份已完成但未经过验证。
- RUNNING：备份正在进行。
- MERGING：备份正在合并中。
- DELETING：备份正在删除中。
- CORRUPT：部分备份文件已损坏。
- ERROR：由于意外错误，因此备份失败。
- ORPHAN：由于其父备份之一已损坏或丢失，因此备份无效。

-j threads_num, --threads=threads_num：设置备份、还原、合并进程的并行线程数。

--archive：显示WAL归档信息。

--progress：显示进度。

--note=text：给备份添加注释。

2）在资源池化模式下添加实例的相关参数

--enable-dss：开启资源池化模式。

--instance-id：数据库节点 ID，因为资源池化模式只支持主机备份，所以该参数一般为 0。

--vgname：在资源池化模式下数据库使用的卷的名称。

--socketpath：DSS 进程 socket 文件路径。

3）备份相关参数

-b backup-mode, --backup-mode=backup-mode：指定备份模式，支持 FULL 和 PTRACK。

- FULL：创建全量备份，全量备份包含所有数据文件。
- PTRACK：创建 PTRACK 增量备份。

-C, --smooth-checkpoint：将检查点在一段时间内展开。默认情况下，gs_probackup 工具会尝试尽快完成检查点。

-S slot-name, --slot=slot-name：指定 WAL 流处理的复制位置。

--temp-slot：在备份的实例中为 WAL 流处理创建一个临时物理复制位置，它可以确保在备份过程中所有所需的 WAL 段仍然是可用的。

默认的 slot 名为 pg_probackup_slot，可通过选项 --slot/-S 更改。

--backup-pg-log：将日志目录包含到备份中。此目录通常包含日志消息。默认情况下包含日志目录，但不包含日志文件。如果修改了默认的日志路径，则在备份日志文件时需要使用 -E 参数。

-E external-directories-paths, --external-dirs=external-directories-paths：将指定的目录包含到备份中。此选项对于备份位于数据目录外部的脚本、SQL 转储和配置文件很有用。如果要备份多个外部目录，则在 UNIX 上用冒号分隔它们的路径。例如：

```
-E /tmp/dir1:/tmp/dir2
```

--skip-block-validation：关闭块级校验，加快备份速度。

--no-validate：在完成备份后跳过自动验证。

--no-sync：不将备份文件同步到磁盘。

--archive-timeout=timeout：以秒为单位设置流式处理的超时时间。默认值为 300。

-t rwtimeout：以秒为单位的连接的超时时间。默认值为 120。

4）恢复相关参数

-I, --incremental-mode=none|checksum|lsn：若 pgdata 中可用的有效页没有修改，则重新使用它们。默认值为 none。

--external-mapping=OLDDIR=NEWDIR：在恢复时，将包含在备份中的外部目录从 _OLDDIR_ 重新定位到 _NEWDIR_ 目录。_OLDDIR_ 和 _NEWDIR_ 都必须是绝对路径。如果路径中包含“=”，则使用反斜杠转义。此选项可为多个目录多次指定。

-T OLDDIR=NEWDIR, --tablespace-mapping=OLDDIR=NEWDIR：在恢复时，将表空间从 _OLDDIR_ 重新定位到 _NEWDIR_ 目录。_OLDDIR_ 和 _NEWDIR_ 必须都是绝对路径。如果路径中包含“=”，则使用反斜杠转义。对于多个表空间，可以多次指定此选项。此选项必须和 --external-mapping 一起使用。

--skip-external-dirs：跳过备份中包含的使用 --external-dirs 选项指定的外部目录。这些目录的内容将不会被恢复。

--skip-block-validation：跳过块级校验，以加快验证速度。在恢复之前的自动验证期间，将仅进行文件级别的校验。

--no-validate：跳过备份验证。

--force：允许忽略备份的无效状态。如果出于某种原因需要从损坏的或无效的备份中恢复数据，则可以使用此标志。请谨慎使用。

5）恢复目标相关参数（recovery_options）

使用持续归档的 WAL 进行 PITR 恢复的步骤如下。

步骤 1：用物理备份的文件替换目标数据库目录。

步骤 2：删除数据库目录下 pg_xlog/ 中的所有文件。

步骤 3：将归档的 WAL 文件复制到 pg_xlog 文件中（此步骤可以省略，可通过配置 recovery.conf 恢复命令文件中的 restore_command 项替代）。

步骤 4：在数据库目录下创建恢复命令文件 recovery.conf，指定数据库恢复的程度。

步骤 5：启动数据库。

步骤 6：连接数据库，查看是否恢复预期的状态。若已经恢复预期状态，则通过 pg_xlog_replay_resume() 指令使主节点对外提供服务。

--recovery-target-lsn=lsn：指定要恢复的 LSN，当前只能指定备份的暂停 LSN。

--recovery-target-name=target-name：指定要将数据恢复的已命名的保存点，保存点可以通过查看备份的 recovery-name 字段得到。

--recovery-target-time=time：指定要恢复的时间，当前只能指定备份中的 recovery-time。

--recovery-target-xid=xid：指定要恢复的事务 ID，当前只能指定备份中的 recovery-xid。

--recovery-target-inclusive=boolean：当该参数指定为 true 时，恢复目标将包括指定的内容；当该参数指定为 false 时，恢复目标将不包括指定的内容。

该参数必须和 --recovery-target-name、--recovery-target-time、--recovery-target-lsn 或 --recovery-target-xid 一起使用。

6）留存相关参数（retention_options）

可以与 backup 及 delete 命令一起使用这些参数。

--retention-redundancy=retention-redundancy：指定在数据目录中留存的完整备份数。必须为正整数。0 表示禁用此设置。默认值为 0。

--retention-window=retention-window：指定留存的天数。必须为正整数。0 表示禁用

此设置。默认值为 0。

--wal-depth=wal-depth：每个时间轴上必须留存的执行 PITR 能力的最新有效备份数。必须为正整数。0 表示禁用此设置。默认值为 0。

--delete-wal：从任何现有的备份中删除不需要的 WAL 文件。

--delete-expired：删除不符合 pg_probackup.conf 配置文件中定义的留存策略的备份。

--merge-expired：将满足留存策略要求的最旧的增量备份与其已过期的父完全备份合并。

--dry-run：显示所有可用备份的当前状态，不删除或合并过期备份。

7）固定备份相关参数（pinning_options）

如果要将某些备份从已建立的留存策略中排除，可以与 backup 及 set-backup 命令一起使用这些参数。

--ttl=interval：指定从恢复时间开始计算，备份要有固定的时间量。必须为正整数。0 表示取消备份固定。支持的单位为 ms、s、min、h、d（默认为 s）。例如：--ttl=30d。

--expire-time=time：指定备份固定失效的时间戳。必须是 ISO 8601 标准的时间戳。例如：--expire-time='2020-01-01 00:00:00+03'。

8）日志相关参数（logging_options）

日志级别：verbose、log、info、warning、error 和 off。

--log-level-console=log-level-console：设置要发送到控制台的日志级别。每个级别都包含其后的所有级别。级别越高，发送的消息越少。指定 off 级别表示禁用控制台日志记录。默认值为 info。

--log-level-file=log-level-file：设置要发送到日志文件的日志级别。每个级别都包含其后的所有级别。级别越高，发送的消息越少。指定 off 级别表示禁用日志文件记录。默认值为 off。

--log-filename=log-filename：指定要创建的日志文件的文件名。由于文件名可以使用 strftime 模式，因此可以使用 %-escapes 指定随时间变化的文件名。

例如，如果指定 pg_probackup-%u.log 模式，则 pg_probackup 工具为每周的每一天生成单独的日志文件，其中，%u 替换为相应的十进制数字，即 pg_probackup-1.log 表示星期一，pg_probackup-2.log 表示星期二，以此类推。

如果指定 --log-level-file 参数启用日志文件记录，则该参数有效。

默认值为 pg_probackup.log。

--error-log-filename=error-log-filename：指定仅用于 error 日志的日志文件名。指定方式与 --log-filename 参数相同。此参数用于故障排除和监视。

--log-directory=log-directory：指定创建日志文件的目录。必须是绝对路径。此目录会在写入第一条日志时创建。默认值为 $BACKUP_PATH/log。

--log-rotation-size=log-rotation-size：指定单个日志文件的最大大小。如果达到此值，

则启动 gs_probackup 工具后，日志文件将循环，但 help 和 version 命令除外。0 表示禁用基于文件大小的循环。支持的单位包括 KB、MB、GB、TB（默认为 KB）。默认值为 0。

--log-rotation-age=log-rotation-age：单个日志文件的最大生命周期。如果达到此值，则在启动 gs_probackup 工具后，日志文件将循环，但 help 和 version 命令除外。$BACKUP_PATH/log/log_rotation 目录下保存最后一次创建日志文件的时间。0 表示禁用基于时间的循环。支持的单位为 ms、s、min、h、d（默认为 min）。默认值为 0。

9）连接相关参数（connection_options）

可以和 backup 命令一起使用这些参数。

-d dbname, --pgdatabase=dbname：指定要连接的数据库名称。由于该连接仅用于管理备份进程，因此可以连接到任何现有的数据库。如果命令行、环境变量 pgdatabase 或 pg_probackup.conf 配置文件中没有指定此参数，则 gs_probackup 工具会尝试从 pguser 环境变量中获取该值。如果未设置 pguser 变量，则从当前用户名获取。

-h hostname, --pghost=hostname：指定运行服务器的系统的主机名。如果该值以斜杠开头，则被用作到 UNIX 域套接字的路径。默认从系统环境变量 pghost 中获取主机名。默认值为 local socket。

-p port, --pgport=p__ort：指定服务器正在侦听连接的 TCP 端口或本地 UNIX 域套接字文件扩展名。默认从系统环境变量 pgport 中获取端口。默认值为 5432。

-U username, --pguser=username：指定所连接主机的用户名。默认从系统环境变量 pguser 中获取用户名。

-w, --no-password：不出现输入密码提示。如果主机要求密码认证并且密码没有通过其他形式给出，则连接尝试将会失败。该参数在批量工作和不存在用户输入密码的脚本中很有帮助。

-W password, --password=password：指定用户连接的密码。如果主机的认证策略是 trust，则不会对系统管理员进行密码验证，即无须输入 -W 选项；如果没有 -W 选项，并且不是系统管理员，则会提示用户输入密码。

10）压缩相关参数（compression_options）

可以和 backup 命令一起使用这些参数。

--compress-algorithm=compress-algorithm：指定用于压缩数据文件的算法。取值包括 zlib、pglz 和 none。如果设置为 zlib 或 pglz，此选项将启用压缩。默认情况下，压缩功能处于关闭状态。默认值为 none。

--compress-level=compress-level：指定压缩级别。

取值范围：0~9。

- 0 表示无压缩。
- 1 表示压缩比最小，处理速度最快。
- 9 表示压缩比最大，处理速度最慢。

可与 --compress-algorithm 参数一起使用。

默认值为 1。

--compress：以 --compress-algorithm=zlib 和 --compress-level=1 进行压缩。

11）远程模式相关参数（remote_options）

通过 SSH 远程运行 gs_probackup 工具的相关参数。可以和 add-instance、set-config、backup、restore 命令一起使用这些参数。

--remote-proto=protocol：指定用于远程操作的协议。目前只支持 SSH 协议。取值如下。

- ssh：通过 SSH 启用远程备份模式。这是默认值。
- none：显式禁用远程模式。

如果指定 --remote-host 参数，则可以省略此参数。

--remote-host=destination：指定要连接的远程主机的 IP 地址或主机名。

--remote-port=port：指定要连接的远程主机的端口。默认值为 22。

--remote-user=username：指定 SSH 连接的远程主机用户。如果省略此参数，则使用当前发起 SSH 连接的用户。默认值为当前用户。

--remote-path=path：指定 gs_probackup 工具在远程系统的安装目录。默认值为当前路径。

--remote-libpath=libpath：指定 gs_probackup 工具在远程系统安装的 lib 库目录。

--ssh-options=ssh_options：指定 SSH 命令行参数的字符串。

例如：

```
--ssh-options='-c cipher_spec -F configfile'
```

说明如下。

如果网络临时故障等原因导致服务器无应答，gs_probackup 工具将在等待 archive-timeout（默认为 300s）后退出。

当备机 LSN 与主机有差别时，数据库会不停地刷以下日志信息，此时应重新创建备机：

```
LOG: walsender thread shut down
LOG: walsender thread started
LOG: received wal replication command: IDENTIFY_VERSION
LOG: received wal replication command: IDENTIFY_MODE
LOG: received wal replication command: IDENTIFY_SYSTEM
LOG: received wal replication command: IDENTIFY_CONSISTENCE 0/D0002D8
LOG: remote request lsn/crc: [xxxxx] local max lsn/crc: [xxxxx]
```

4. 备份流程

备份步骤如下。

步骤 1：初始化备份目录。在指定的目录下创建 backups/ 和 wal/ 子目录，分别用于存放备份文件和 WAL 文件。相关语法如下：

```
gs_probackup init -B backup_dir
```

步骤 2：添加一个新的备份实例。gs_probackup 工具可以在同一个备份目录下存放多个数据库实例的备份。相关语法如下：

```
gs_probackup add-instance -B backup_dir -D data_dir --instance instance_name
```

步骤 3：创建指定实例的备份。在进行增量备份之前，必须至少创建一次全量备份。相关语法如下：

```
gs_probackup backup -B backup_dir --instance instance_name -b backup_mode
```

步骤 4：从指定实例的备份中恢复数据。相关语法如下：

```
gs_probackup restore -B backup_dir --instance instance_name -D pgdata-path -i backup_id
```

10.3　闪回恢复

在日常工作中，有时会出现操作失误等原因而删除或修改了某些数据。如果操作尚未提交，可以直接回滚，将数据恢复到变更前。但对于已经提交的操作，由于数据已经持久写入数据库（提交会触发数据变更产生的 WAL 记录写入 WAL 文件，无论数据变更是否写入数据文件，均可视为持久写入数据库），因此常规的手段是无法恢复的。逻辑备份也只能将数据恢复备份时刻，通过物理备份 +PITR 等不完全恢复手段找回已修改的数据。恢复时间视数据库大小而定，数据库越大，恢复的时间越长。而且这种方法会让整个数据库回退，对业务影响很大，只有在发生严重的数据丢失的情况下才会使用。通常的做法是在异机搭建新的数据库环境，然后在新的数据库中使用数据库备份 + 归档日志进行不完全恢复，将相关数据导出，导入生产系统。整个过程耗费时间较长，操作也较为烦琐。

采用 openGauss 数据库提供的闪回技术，恢复已提交的被修改的数据非常快速，而且恢复时间和数据库大小无关。

闪回支持如下两种恢复模式。

- 基于 MVCC 多版本的数据恢复：适用于误操作导致的删除、更新、插入数据后的恢复查询。用户通过配置旧版本的数据保留时间，并执行相应的查询或恢复命令，查询或恢复指定的时间点或 CSN（Commit Sequence Number，提交顺序号）。
- 基于系统回收站的恢复：适用于被 drop、truncate 的表的恢复。用户通过配置回收站开关，并执行相应的恢复命令，可以将 drop、truncate 的表找回。

能够闪回 truncate 的数据是 openGauss 数据库的一大亮点。要知道，即使是拥有强大技术力量的 Oracle 数据库目前也没有实现直接闪回 truncate 后的数据。当然，这主要得益于 openGauss 数据库独特的 truncate 机制。

注意，openGauss 数据库轻量版的闪回恢复不支持 ASTORE 存储引擎，企业版对 ASTORE 引擎的 drop/truncate 闪回恢复也不支持。

10.3.1 闪回查询

闪回查询可以查询数据表过去某个时间点的某个快照（snapshot）的数据，这一特性可用于查看和逻辑重建意外删除或更改的受损数据。闪回查询基于 MVCC 多版本机制，通过检索旧版本数据，获取指定版本的数据。

1. 前提条件

闪回查询的时间不超过 undo_retention_time 参数设置的 undo 保留时间。

2. 相关语法

语法如下：

```
{[ only ] table_name [ * ] [ partition_clause ] [ [ as ] alias [ ( column_alias [, …] ) ] ]
[ tablesample sampling_method ( argument [, …] ) [ repeatable ( seed ) ] ]
[timecapsule { timestamp | CSN } expression ]
|( select ) [ as ] alias [ ( column_alias [, …] ) ]
|with_query_name [ [ as ] alias [ ( column_alias [, …] ) ] ]
|function_name ( [ argument [, …] ] ) [ as ] alias [ ( column_alias [, …] | column_definition [, …] ) ]
|function_name ( [ argument [, …] ] ) as ( column_definition [, …] )
|from_item [ natural ] join_type from_item [ on join_condition | using ( join_column [,…] ) ]}
```

语法树中 timecapsule {timestamp | csn} expression 为闪回功能新增表达方式。其中，timecapsule 表示使用闪回功能，timestamp 以及 CSN 表示闪回功能使用具体时间点信息或使用 CSN 信息。

3. 参数说明

参数说明如下。

- timestamp：一个具体的历史时间。要查询数据表在这个时间点上的数据。
- CSN：一个具体操作的提交时间点。数据库中的 CSN 为写一致性点，每个 CSN 代表整个数据库的一个一致性点，查询某个 CSN 下的数据表示查询数据库在该一致性点的相关数据。

例如：

```
test=> select * from flashback_t;
 id
```

```
----
 1
 2
 3
 4
 5
(5 rows)
test=> select sysdate;
       sysdate
---------------------
 2023-07-30 18:22:18
(1 row)
test=> delete from flashback_t where id>2;
delete 3
test=> select * from flashback_t;
 id
----
 1
 2
(2 rows)
test=> select * from flashback_t timecapsule timestamp to_
timestamp('2023-07-30 18:22:18','yyyy-mm-dd hh24:mi:ss');
 id
----
 1
 2
 3
 4
 5
(5 rows)
```

可以看到，通过闪回技术成功查询到删除前的数据。

注意事项如下。

undo_retention_time 参数表示 undo 信息（旧版本数据）保留时间。默认值为 0（不保留），undo 信息很快就会被系统删除，无法实现闪回查询。但 undo_retention_time 设置时间过长也会导致存储空间占用过多。因此，要根据系统实际情况，设置好 undo 数据保留时间。

如果数据变更时间较早，超过 undo_retention_time 参数设置的时间，闪回查询时会报如下错误信息：

```
ERROR:cannot find the restore point, timecapsule time is too old, please
check and use correct time.
```

报错原因在于数据发生变更的时间已超过 undo_retention_time 参数设置的时间，undo 数据被系统删除，无法进行闪回操作。因此，除了设置好足够的 undo_retention_time 参数值以外，闪回操作也要尽早进行。

10.3.2 闪回表

闪回查询只是将特定时间点的数据查询出来（也可以将查询到的数据转存到新创建的表中），而闪回表可以将表恢复至特定时间点。此特性可以快速恢复表的数据。闪回表基于 MVCC 多版本机制，通过删除指定时间点和该时间点之后的增量数据，并找回该时间点删除和更改的数据，从而实现表级数据还原。

1. 前提条件

闪回表查询的时间不超过 undo_retention_time 参数设置的 undo 保留时间。

2. 相关语法

语法如下：

```
timecapsule table table_name to { timestamp | CSN } expression
```

例如：

```
test=> select sysdate;
          sysdate
---------------------
 2023-07-30 19:24:10
(1 row)
test=> select * from flashback_t;
 id
----
 1
 2
(2 rows)
test=> insert into flashback_t values(3),(4);
insert 0 2
test=> update flashback_t set id=10 where id=1;
update 1
```

```
test=> select * from flashback_t;
 id
----
 10
  2
  3
  4
(4 rows)
```

将表 flashback_t 闪回到数据变更前的状态：

```
test=> timecapsule table flashback_t to timestamp to_timestamp('2023-07-30
19:24','yyyy-mm-dd hh24:mi');
TimeCapsule Table
test=> select * from flashback_t;
 id
----
 2
 1
(2 rows)
```

注意，闪回表跟闪回查询一样，都是基于 undo 技术进行数据恢复的。因此，恢复时间也受参数 undo_retention_time 的限制。

10.3.3　闪回 drop/truncate

闪回 drop 可以恢复意外删除的表，从回收站中恢复被删除的表及其附属结构如索引、表约束等。闪回 drop 是基于回收站机制，通过还原回收站中记录的表的物理文件，实现已 drop 表的恢复。

闪回 truncate 可以恢复误操作或意外被进行截断的表，从回收站中恢复被截断的表及索引的物理数据。闪回 truncate 基于回收站机制，通过还原回收站中记录的表的物理文件，实现已截断的表的恢复。openGauss 数据库默认不开启回收站功能，而且对回收站内保留的对象的存放时间做了限制。recyclebin_retention_time 参数用于设置回收站对象保留时间（默认值为 15min），超过该时间的回收站对象将被自动清理。

1. 前提条件

闪回操作的前提条件如下。

- 开启 enable_recyclebin 参数，启用回收站。
- 闪回表的时间不超过 recyclebin_retention_time 参数设置的保留时间。

2. 相关语法

删除表的语法如下：

```
drop table table_name [purge]
```

清理回收站对象的语法如下：

```
purge { table { table_name }
| index { index_name }
| recyclebin
}
```

闪回被删除的表的语法如下：

```
timecapsule table { table_name } to before drop [rename to new_tablename]
```

截断表的语法如下：

```
truncate table { table_name } [ purge ]
```

闪回截断的表的语法如下：

```
timecapsule table { table_name } to before truncate
```

3. 参数说明

参数如下。

drop/truncate table table_name purge：默认将表数据放入回收站中，直接清理。

purge recyclebin：表示清理回收站对象。

to before drop：使用这个子句检索回收站中已删除的表及其子对象。可以指定原始用户指定的表的名称，或对象删除时数据库分配的系统生成名称。

回收站中系统生成的对象名称是唯一的。因此，如果指定系统生成名称，那么数据库检索指定的对象。使用 select * from gs_recyclebin 语句可以查看回收站中保存的对象。

如果是用户指定的名称，且回收站中包含多个该名称的对象，则数据库检索回收站中最近移动的对象。如果想要检索更早版本的表，可以这样做：指定想要检索的表的系统生成名称；执行 timecapsule table ... to before drop 语句，直到需要检索的表。

恢复 drop 表时，只恢复基本表名，其他子对象名均保持回收站对象名。用户可根据需要，执行 ddl 命令手工调整子对象名。

回收站对象不支持 dml、dcl、ddl 等写操作，不支持 dql 查询操作。

在闪回点和当前点之间，执行过修改表结构或影响物理结构的语句，闪回失败。涉及 namespace、表名改变等操作的 ddl 执行闪回报错："ERROR: recycle object %s desired does not exit."。增加、删除、切割、合成等分区改变等操作的 ddl 执行闪回报错："ERROR: relation %s does not exit."。其他情况报错："ERROR：The table definition of %s has been changed. "。

rename to：为从回收站中闪回的表指定一个新名称。

to before truncate：闪回到截断之前。

例如：

```
test=> drop table flashback_t;
drop table
```

在系统视图 gs_recyclebin 中查询回收站中保存的被删除的对象：

```
test=> select rcyoriginname from gs_recyclebin;
 rcyoriginname
---------------
 flashback_t
(1 row)
```

闪回表 flashback_t：

```
test=> timecapsule table flashback_t to before drop;
TimeCapsule Table
test=> select * from flashback_t;
 id
----
  2
  1
(2 rows)
```

如果删除表后又创建了与原来表名相同的新表，则闪回时就需要修改恢复的表名。可以在闪回的时候直接加上命令 rename to。

例如：

```
test=> drop table flashback_t;
drop table
test=> timecapsule table flashback_t to before drop rename to flashback_
t_before;
TimeCapsule Table
test=> select * from flashback_t_before;
 id
----
  2
  1
(2 rows)
```

对截断的表执行闪回的操作类似。例如：

```
test=> truncate table flashback_t_before;
truncate table
```

```
test=> select * from flashback_t_before;
 id
----
(0 rows)
```

查询系统视图 gs_recyclebin：

```
test=> select rcyoriginname,rcyoperation from gs_recyclebin;
   rcyoriginname    | rcyoperation
--------------------+--------------
 flashback_t_before |            t
 (1 row)
```

在 gs_recyclebin 中可以看到执行过截断的表，rcyoperation 为 t，表示执行过 truncate 操作（d 表示执行的是 drop 操作）。

对表 flashback_t_before 执行闪回，恢复被截断的数据：

```
test=> timecapsule table flashback_t_before to before truncate;
TimeCapsule Table
test=> select * from flashback_t_before;
 id
----
 2
 1
(2 rows)
```

附录 A
系统表和系统视图

openGauss 数据库提供如下两种类型的系统表和视图。

- 继承自 PostgreSQL 数据库的系统表和视图，具有 pg_ 前缀。
- openGauss 数据库新增的系统表和视图，具有 gs_ 前缀。

openGauss 数据库的系统表如表 A-1 所示。

表 A-1 openGauss 数据库的系统表

表名	功能描述
gs_asp	显示被持久化的 active session profile 样本，该表只能在系统库下查询，在用户库下查询无数据
gs_auditing_policy	记录统一审计的主体信息，每条记录对应一个设计策略。需要系统管理员或安全策略管理员权限才可以访问此系统表
gs_auditing_policy_access	记录与 dml 数据库相关操作的统一审计信息。需要系统管理员或安全策略管理员权限才可以访问此系统表
gs_auditing_policy_filters	记录与统一审计相关的过滤策略信息，每条记录对应一个设计策略。需要系统管理员或安全策略管理员权限才可以访问此系统表
gs_auditing_policy_privileges	记录统一审计 ddl 数据库相关操作信息，每条记录对应一个设计策略。需要系统管理员或安全策略管理员权限才可以访问此系统表
gs_client_global_keys	记录密态等值特性中客户端加密主密钥相关信息，每条记录对应一个客户端加密主密钥
gs_client_global_keys_args	记录密态等值特性中客户端加密主密钥相关元数据信息，每条记录对应客户端加密主密钥的一个键值对信息
gs_column_keys	记录密态等值特性中列加密密钥相关信息，每条记录对应一个列加密密钥
gs_column_keys_args	记录密态等值特性中客户端加密主密钥相关元数据信息，每条记录对应客户端加密主密钥的一个键值对信息
gs_db_privilege	记录 any 权限的授予情况，每条记录对应一条授权信息
gs_encrypted_columns	记录密态等值特性中表的加密列相关信息，每条记录对应一条加密列信息
gs_encrypted_proc	提供密态函数/存储过程函数参数、返回值的原始数据类型、加密列等信息

续表

表名	功能描述
gs_global_chain	记录用户对防篡改用户表的修改操作信息，每条记录对应一次表级修改操作。具有审计管理员权限的用户可以查询此系统表，所有用户均不允许修改此系统表
gs_global_config	记录数据库实例初始化时，用户指定的参数值。除此之外，其中还存放用户设置的弱口令，支持数据库初始用户通过 alter 和 drop 语句对系统表中的参数进行写入、修改和删除
gs_masking_policy	记录动态数据脱敏策略的主体信息，每条记录对应一个脱敏策略。需要系统管理员或安全策略管理员权限才可以访问此系统表
gs_masking_policy_actions	记录动态数据脱敏策略中相应的脱敏策略包含的脱敏行为，一个脱敏策略对应着该表的一行或多行记录。需要系统管理员或安全策略管理员权限才可以访问此系统表
gs_masking_policy_filters	记录动态数据脱敏策略对应的用户过滤条件，当用户条件满足 filter 条件时，对应的脱敏策略才会生效。需要系统管理员或安全策略管理员权限才可以访问此系统表
gs_matview	提供关于数据库中每一个物化视图的信息
gs_matview_ ependency	提供关于数据库中每一个增量物化视图、基本表和 mlog 表的关联信息。全量物化视图不存在与基本表对应的 mlog 表，不会写入记录
gs_model_warehouse	用于存储 AI 引擎训练模型，其中包含模型、训练过程的详细描述
gs_opt_model	启用 AI 引擎执行计划时间预测功能时的数据表，记录机器学习模型的配置、训练结果、功能、对应系统函数、训练历史等相关信息
gs_package	记录 package 内的信息
gs_policy_label	记录资源标签配置信息，一个资源标签对应一条或多条记录，每条记录标记数据库资源所属的资源标签。需要系统管理员或安全策略管理员权限才可以访问此系统表
gs_recyclebin	描述回收站对象的详细信息
gs_sql_patch	存储所有 sql_patch 的状态信息
gs_txn_snapshot	"时间戳 -CSN" 映射表，周期性采样，并维护适当的时间范围，用于估算范围内的时间戳对应的 CSN 值
gs_uid	存储数据库中使用 hasuids 属性表的唯一标识元信息
gs_wlm_ec_operator_info	存储执行 EC（Extension Connector）作业结束后与算子相关的记录。查询该系统表需要 sysadmin 权限
gs_wlm_instance_history	存储与实例相关的资源使用相关信息。查询该系统表需要 sysadmin 权限，且仅在数据库 postgres 下面查询时有数据

续表

表名	功能描述
gs_wlm_operator_info	显示执行作业结束后的算子相关的记录。此数据是从内核中转储到系统表中的数据。查询该系统表需要 sysadmin 权限，且仅在数据库 postgres 下面查询时有数据
gs_wlm_plan_encoding_table	显示计划算子级的编码信息，为机器学习模型提供包括 startup time、total time、peak memory、rows 等标签值的训练、预测集
gs_wlm_plan_operator_info	显示执行作业结束后计划算子级的相关的记录。此数据是从内核中转储到系统表中的
gs_wlm_session_query_info_all	显示当前数据库实例执行作业结束后的负载管理记录。此数据是从内核中转储到系统表中的。查询该系统表需要 sysadmin 权限，且仅在数据库 postgres 下面查询时有数据
gs_wlm_user_resource_history	存储与用户使用资源相关的信息。查询该系统表需要 sysadmin 权限，且仅在数据库 postgres 下面查询时有数据
pg_aggregate	存储与聚集函数有关的信息
pg_am	存储有关索引访问方法的信息。系统支持的每种索引访问方法都有一行
pg_amop	存储与访问方法操作符族相关的信息
pg_amproc	存储与访问方法操作符合相关的支持过程的信息。每个属于某个操作符族的支持过程都占有一行
pg_app_workloadgroup_mapping	提供数据库负载映射组的信息
pg_attrdef	存储列的默认值
pg_attribute	存储关于表字段的信息
pg_authid	存储有关数据库认证标识符（角色）的信息
pg_auth_history	记录角色的认证历史。需要系统管理员权限才可以访问此系统表
pg_auth_members	存储显示角色之间的成员关系
pg_cast	存储数据类型之间的转化关系
pg_class	存储数据库对象信息及其之间的关系
pg_collation	描述可用的排序规则，本质上是从一个 SQL 名称映射到操作系统本地类别
pg_constraint	存储表上的检查约束、主键和唯一约束
pg_conversion	描述编码转换信息
pg_database	存储关于可用数据库的信息
pg_db_role_setting	存储数据库运行时每个角色与数据绑定的配置项的默认值

续表

表名	功能描述
pg_default_acl	存储为新建对象设置的初始权限
pg_depend	记录数据库对象之间的依赖关系
pg_description	给每个数据库对象存储一个可选的描述（注释）
pg_directory	保存用户添加的 directory 对象可以通过 create directory 语句向该表中添加记录，目前只有系统管理员用户可以向该表中添加记录
pg_enum	包含显示每个枚举类型值和标签的记录
pg_event_trigger	存储每个事件触发器的信息
pg_extension	存储关于所安装扩展的信息
pg_extension_data_source	存储外部数据源对象的信息
pg_foreign_data_wrapper	存储外部数据封装器定义
pg_foreign_server	存储外部服务器定义
pg_foreign_table	存储外部表的辅助信息
pg_hashbucket	存储哈希桶信息
pg_index	存储索引的一部分信息，其他的信息大多数保存在 pg_class 中
pg_inherits	记录关于表继承层次的信息
pg_job	存储用户创建的定时任务的任务详细信息，定时任务线程定时轮询 pg_job 表中的时间，当任务到期会触发任务的执行，并更新 pg_job 表中的任务状态
pg_job_proc	对应 pg_job 表中每个任务的作业内容
pg_language	登记程序设计语言，用户可以用这些语言或接口编写函数或者存储过程
pg_largeobject	保存那些标记着“大对象”的数据。需要系统管理员权限才可以访问此系统表
pg_largeobject_metadata	存储与大数据相关的元数据
pg_namespace	存储与名称空间（schema）相关的信息
pg_object	存储限定类型对象（普通表、索引、序列、视图、存储过程和函数）的创建用户、创建时间和最后修改时间
pg_opclass	定义索引访问方法操作符类
pg_operator	存储有关操作符的信息
pg_opfamily	定义操作符族
pg_partition	存储数据库内所有分区表（partitioned table）、分区（table partition）、分区上 toast 表和分区索引（index partition）4 类对象的信息

续表

表名	功能描述
pg_pltemplate	存储过程语言的“模板”信息
pg_proc	存储函数或过程的信息
pg_publication	包含当前数据库中创建的所有 publication
pg_publication_rel	包含当前数据库中的表和 publication 之间的映射，这是一种多对多映射
pg_range	存储关于范围类型的信息。除了 pg_type 中类型的记录以外
pg_replication_origin	包含所有已创建的复制源，该表为全局共享表
pg_resource_pool	提供数据库资源池的信息
pg_rewrite	存储表和视图定义的重写规则
pg_rlspolicy	存储行级访问控制策略
pg_seclabel	存储数据对象上的安全标签
pg_set	存储 set 数据类型定义的元数据
pg_shdepend	记录数据库对象和共享对象（如角色）之间的依赖关系
pg_shdescription	为共享数据库对象存储可选的注释。可以使用 comment 命令操作注释的内容，使用 psql 的 \d 命令查看注释内容
pg_shseclabel	存储在共享数据库对象上的安全标签
pg_statistic	存储有关该数据库中表和索引列的统计数据。默认只有系统管理员权限才可以访问此系统表
pg_statistic_ext	存储有关该数据库中表的扩展统计数据，包括多列统计数据和表达式统计数据（后续支持）。需要系统管理员权限才可以访问此系统表
pg_subscription	包含所有现有的逻辑复制订阅。需要系统管理员权限才可以访问此系统表
pg_subscription_rel	包含每个订阅中每个被复制表的状态，是多对多的映射关系
pg_synonym	存储同义词对象名与其他数据库对象名间的映射信息
pg_tablespace	存储表空间信息
pg_trigger	存储触发器信息
pg_ts_config	包含表示文本搜索配置的记录。一个配置指定一个特定的文本搜索解析器和一个为了每个解析器的输出类型使用的字典的列表
pg_ts_config_map	包含为每个文本搜索配置的解析器的每个输出符号类型，显示哪个文本搜索字典应该被咨询、以什么顺序搜索的记录
pg_ts_dict	包含定义文本搜索字典的记录
pg_ts_parser	包含定义文本解析器的记录

续表

表名	功能描述
pg_ts_template	包含定义文本搜索模板的记录
pg_type	存储数据类型的相关信息
pg_user_mapping	存储从本地用户到远程的映射
pg_user_status	提供访问数据库用户的状态。需要系统管理员权限才可以访问此系统表
pg_workload_group	提供数据库负载组的信息
pgxc_class	存储每个表的复制或分布信息
pgxc_group	存储节点组信息
pgxc_node	存储集群节点信息
plan_table_data	存储用户通过执行 explain plan 收集到的计划信息
statement_history	获得当前节点的执行语句的信息

openGauss 数据库的系统视图如表 A-2 所示。

表 A-2 openGauss 数据库的系统视图

视图名	功能描述
gs_auditing	显示对数据库相关操作的所有审计信息。需要系统管理员或安全策略管理员权限才可以访问此视图
gs_auditing_access	显示对数据库 dml 相关操作的所有审计信息。需要系统管理员或安全策略管理员权限才可以访问此视图
gs_auditing_privilege	显示对数据库 ddl 相关操作的所有审计信息。需要系统管理员或安全策略管理员权限才可以访问此视图
gs_db_privileges	记录 any 权限的授予情况，每条记录对应一条授权信息
gs_file_stat	对数据文件 I/O 的统计
gs_gsc_memory_detail	描述当前节点当前进程的全局 SysCache 的内存占用情况，仅在开启 GSC 的模式下有数据
gs_instance_time	提供当前集节点下的各种时间消耗信息
gs_labels	显示所有已配置的资源标签信息。需要系统管理员或安全策略管理员权限才可以访问此视图
gs_lsc_memory_detail	统计所有的线程的本地 SysCache 内存使用情况，以 MemoryContext 节点来统计，仅在开启 GSC 的模式下有数据
gs_masking	显示所有已配置的动态脱敏策略信息。需要系统管理员或安全策略管理员权限才可以访问此视图
gs_matviews	提供关于数据库中每一个物化视图的信息

续表

视图名	功能描述
gs_os_run_info	显示当前操作系统运行的状态信息
gs_redo_stat	统计会话线程日志回放情况
gs_session_cpu_statistics	显示当前用户执行正在运行的复杂作业的 CPU 的负载管理信息
gs_session_memory	统计会话级别的内存使用情况，包含执行作业在数据节点上 gaussdb 线程和 stream 线程分配的所有内存。当 GUC 参数 enable_memory_limit 为 off 时，本视图不可用
gs_session_memory_context	统计所有的会话的内存使用情况，以 MemoryContext 节点来统计。该视图仅在开启线程池（enable_thread_pool = on）时生效。当 GUC 参数 enable_memory_limit 为 off 时，本视图不可用
gs_session_memory_detail	统计会话的内存使用情况，以 MemoryContext 节点来统计。当开启线程池（enable_thread_pool = on）时，该视图包含所有的线程和会话的内存使用情况。当 GUC 参数 enable_memory_limit 为 off 时，本视图不可用
gs_session_memory_statistics	显示和当前用户执行复杂作业正在运行时的负载管理内存使用的信息
gs_session_stat	以会话线程或 AutoVacuum 线程为单位，统计会话状态信息
gs_session_time	统计会话线程的运行时间信息及各执行阶段所消耗的时间
gs_sql_count	显示数据库当前节点当前时刻执行的 5 类语句（select、insert、update、delete、merge into）统计信息
gs_stat_session_cu	查询 openGauss 数据库各个节点，当前运行会话的 CU 命中情况。会话退出相应的统计数据会清零。openGauss 数据库重启后，统计数据也会清零
gs_thread_memory_context	统计所有线程的内存使用情况，以 MemoryContext 节点来统计。该视图在关闭线程池（enable_thread_pool = off）时等价于 gs_session_memory_detail 视图。当 GUC 参数 enable_memory_limit 为 off 时，本视图不可用
gs_total_memory_detail	统计当前数据库节点使用内存的信息，单位为 MB。当 GUC 参数 enable_memory_limit 为 off 时，本视图不可用
gs_wlm_cgroup_info	显示当前执行作业的控制组的信息
gs_wlm_ec_operator_statistics	显示当前用户正在执行的 EC 作业的算子相关信息。查询该视图需要 sysadmin 权限
gs_wlm_operator_history	显示的是当前用户当前数据库主节点上执行作业结束后的算子的相关记录。查询该视图需要 sysadmin 权限
gs_wlm_operator_statistics	显示当前用户正在执行的作业的算子相关信息。查询该视图需要 sysadmin 权限

续表

视图名	功能描述
gs_wlm_plan_operator_history	显示的是当前用户数据库主节点上执行作业结束后的执行计划算子级的相关记录
gs_wlm_rebuild_user_resource_pool	该视图用于在当前连接节点上重建内存中用户的资源池信息，无输出。当资源池信息缺失或者错乱时用作补救措施。查询该视图需要 sysadmin 权限
gs_wlm_resource_pool	资源池上的统计信息
gs_wlm_session_history	显示当前用户在数据库实例上执行作业结束后的负载管理记录。查询该视图需要 sysadmin 或者 monitor admin 权限
gs_wlm_session_info	显示数据库实例执行作业结束后的负载管理记录。查询该视图需要 sysadmin 权限
gs_wlm_session_info_all	显示在数据库实例上执行作业结束后的负载管理记录。查询该视图需要 sysadmin 或者 monitor admin 权限
gs_wlm_session_statistics	显示当前用户在数据库实例上正在执行的作业的负载管理记录。查询该视图需要 sysadmin 权限
gs_wlm_user_info	用户统计信息视图
pg_available_extension_versions	显示数据库中某些特性的扩展版本信息
pg_available_extensions	显示数据库中某些特性的扩展信息
pg_cursors	列出了当前可用的游标
pg_comm_delay	展示单个节点的通信库时延状态
pg_comm_recv_stream	展示节点上所有的通信库接收流状态
pg_comm_send_stream	展示节点上所有的通信库发送流状态
pg_comm_status	展示节点的通信库状态
pg_control_group_config	系统的控制组配置信息。查询该视图需要 sysadmin 权限
pg_ext_stats	提供对存储在 pg_statistic_ext 表中的扩展统计信息的访问
pg_get_invalid_backends	提供显示数据库主节点上连接到当前备机的后台线程信息
pg_get_senders_catchup_time	显示数据库节点上当前活跃的主备发送线程的追赶信息
pg_group	查看数据库认证角色及角色之间的成员关系
pg_gtt_relstats	查看当前会话所有全局临时表的基本信息，需要调用 pg_get_gtt_relstats 函数
pg_gtt_stats	查看当前会话所有全局临时表单列统计信息，需要调用 pg_get_gtt_statistics 函数

续表

视图名	功能描述
pg_gtt_attached_pids	查看哪些会话正在使用全局临时表，需要调用 pg_get_attached_pid 函数
pg_indexes	提供对数据库中每个索引的有用信息的访问
pg_locks	存储各打开事务所持有的锁信息
pg_node_env	提供获取当前节点的环境变量信息
pg_os_threads	提供当前节点下所有线程的状态信息
pg_prepared_statements	显示当前会话所有可用的预备语句
pg_prepared_xacts	显示当前准备好进行两阶段提交的事务的信息
pg_publication_tables	提供 publication 与其所发布的表之间的映射信息
pg_replication_origin_status	获取复制源的复制状态
pg_replication_slots	查看复制槽的信息
pg_rlspolicies	提供查询行级访问控制策略
pg_roles	提供访问数据库角色的相关信息，初始化用户和具有 sysadmin 权限或 createrole 权限的用户可以查看全部角色的信息，其他用户只能查看自己的信息
pg_rules	提供对查询重写规则的有用信息访问的接口
pg_running_xacts	显示当前节点运行事务的信息
pg_seclabels	提供关于安全标签的信息
pg_session_iostat	显示当前用户执行作业正在运行时的 I/O 负载管理相关信息。查询该视图需要 sysadmin 权限或者 monitor admin 权限
pg_session_wlmstat	显示当前用户执行作业正在运行时的负载管理相关信息。查询该视图需要 sysadmin 权限
pg_settings	显示数据库运行时参数的相关信息
pg_shadow	显示所有在 pg_authid 中标记了 rolcanlogin 的角色的属性
pg_stats	提供对存储在 pg_statistic 表中的单列统计信息的访问。该视图记录的统计信息更新时间间隔由参数 autovacuum_naptime 设置
pg_stat_activity	显示与当前用户查询相关的信息，字段中保存的是上一次执行的信息
pg_stat_activity_ng	显示在当前用户所属的逻辑数据库实例下所有查询的相关信息
pg_stat_all_indexes	显示访问特定索引的统计
pg_stat_all_tables	显示访问特定表的统计信息
pg_stat_bad_block	显示自节点启动后读取数据时出现 Page/CU 校验失败的统计信息

续表

视图名	功能描述
pg_stat_bgwriter	显示关于后端写进程活动的统计信息
pg_stat_database	包含 openGauss 数据库中每个数据库的数据库统计信息
pg_stat_database_conflicts	显示数据库冲突状态的统计信息
pg_stat_user_functions	显示命名空间中用户自定义函数（函数语言为非内部语言）的状态信息
pg_stat_user_indexes	显示数据库中用户自定义普通表和 toast 表的索引状态信息
pg_stat_user_tables	显示所有命名空间中用户自定义普通表和 toast 表的状态信息
pg_stat_replication	描述日志同步状态信息
pg_stat_subscription	获取订阅的详细同步信息
pg_stat_sys_indexes	显示 pg_catalog、information_schema 模式中所有系统表的索引状态信息
pg_stat_sys_tables	显示 pg_catalog、information_schema 模式的所有命名空间中系统表的统计信息
pg_stat_xact_all_tables	显示命名空间中所有普通表和 toast 表的事务状态信息
pg_stat_xact_sys_tables	显示命名空间中系统表的事务状态信息
pg_stat_xact_user_functions	包含每个函数的执行的统计信息
pg_stat_xact_user_tables	显示命名空间中用户表的事务状态信息
pg_statio_all_indexes	显示特定索引的 I/O 的统计
pg_statio_all_sequences	包含当前数据库中每个序列的 I/O 统计信息
pg_statio_all_tables	包含当前数据库中每个表（包括 toast 表）的 I/O 统计信息
pg_statio_sys_indexes	显示命名空间中所有系统表索引的 I/O 状态信息
pg_statio_sys_sequences	显示命名空间中所有序列的 I/O 状态信息
pg_statio_sys_tables	显示命名空间中所有系统表的 I/O 状态信息
pg_statio_user_indexes	显示命名空间中所有用户关系表索引的 I/O 状态信息
pg_statio_user_sequences	显示命名空间中所有用户关系表类型为序列的 I/O 状态信息
pg_statio_user_tables	显示命名空间中所有用户关系表的 I/O 状态信息
pg_tables	提供对数据库中每个表的信息
pg_tde_info	提供 openGauss 数据库加密信息
pg_thread_wait_status	当前实例中工作线程（backend thread）以及辅助线程（auxiliary thread）的阻塞等待情况
pg_timezone_abbrevs	显示所有可用的时区信息

续表

视图名	功能描述
pg_timezone_names	显示所有能够被 set timezone 识别的时区名及其缩写、UTC 偏移量、是否夏时制
pg_total_memory_detail	显示某个数据库节点的内存使用情况
pg_total_user_resource_info	显示所有用户资源的使用情况，需要使用管理员用户进行查询。此视图在参数 use_workload_manager 为 on 时才有效。其中，I/O 相关监控项在参数 enable_logical_io_statistics 为 on 时才有效
pg_total_user_resource_info_oid	显示所有用户资源的使用情况，需要使用管理员用户进行查询。此视图在参数 use_workload_manager 为 on 时才有效。其中，I/O 相关监控项在参数 enable_logical_io_statistics 为 on 时才有效
pg_user	访问数据库用户的信息，默认只有初始化用户和具有 sysadmin 属性的用户可以查看，其余用户需要授权后才可以查看
pg_user_mappings	提供访问关于用户映射的信息的接口
pg_views	提供访问数据库中每个视图的有用信息
pg_variable_info	查询 openGauss 数据库中当前节点的 XID、OID 的状态
pg_wlm_statistics	显示作业结束后或已被处理异常后的负载管理相关信息。查询该视图需要 sysadmin 权限
pgxc_prepared_xacts	显示当前处于准备阶段的两阶段事务。只有 system admin 和 monitor admin 用户有权限查看
plan_table	显示用户通过执行 explain plan 收集到的计划信息。计划信息的生命周期是会话级别，会话退出后相应的数据将被清除。同时不同会话和不同用户之间的数据是相互隔离的

附录 B
系统函数表

openGauss 数据库提供的会话信息函数如表 B-1 所示。

表 B-1 openGauss 数据库提供的会话信息函数

函数名	功能描述
current_catalog、current_database()	当前数据库的名称
current_query()	由客户端提交的当前执行语句
current_schema[()]	当前模式的名称
current_schemas(Boolean)	搜索路径中的模式名称，布尔选项决定像 pg_catalog 这样隐含包含的系统模式是否包含在返回的搜索路径中
current_user、definer_current_user()	当前执行环境下的用户名
pg_current_sessionid()	当前执行环境下的会话 ID。其组成结构为：时间戳 . 会话 ID，当线程池模式开启（enable_thread_pool=on）时，会话 ID 为 SessionID；而线程池模式关闭时，会话 ID 为 ThreadID
pg_current_sessid()	在线程池模式下获得当前会话的会话 ID，非线程池模式下获得当前会话对应的后台线程 ID
pg_current_userid()	当前用户 ID
working_version_num()	版本序号信息。返回一个与系统兼容性有关的版本序号
tablespace_oid_name()	根据表空间 OID 查找表空间名称
inet_client_addr()	连接的客户端地址。如果是本地连接，则返回空
inet_client_port()	连接的客户端端口。如果是本地连接，则返回空
inet_server_addr()	连接的服务器地址。如果是本地连接，则返回空
inet_server_port()	连接的服务器端口。如果是本地连接，则返回空
pg_backend_pid()	当前会话连接的服务进程的进程 ID
pg_conf_load_time()	最后加载服务器配置文件的时间戳
pg_my_temp_schema()	会话的临时模式的 OID，不存在则为 0
pg_is_other_temp_schema(oid)	是否为另一个会话的临时模式

续表

函数名	功能描述
pg_listening_channels()	会话正在侦听的信道名称
pg_postmaster_start_time()	数据库启动时间
pg_trigger_depth()	触发器的嵌套层次
session_user[()]、user[()]、getpgusername()	当前会话用户名
getdatabaseencoding()	获取数据库的编码方式
version()	获取数据库的版本信息
opengauss_version()	获取数据库的版本
gs_deployment()	当前系统的部署形态信息
get_hostname()	返回当前节点的 hostname
get_nodename()	返回当前节点的名字
get_schema_oid(cstring)	查询 schema 的 OID
get_client_info()	返回客户端的信息

openGauss 数据库提供的访问权限查询函数如表 B-2 所示。

表 B-2 openGauss 数据库提供的访问权限查询函数

函数名	功能描述
has_any_column_privilege(user, table, privilege)	指定用户是否有访问表任何列的权限
has_any_column_privilege(table, privilege)	当前用户是否有访问表任何列的权限
has_column_privilege(user, table, column, privilege)	指定用户是否有访问列的权限
has_column_privilege(table, column, privilege)	当前用户是否有访问列的权限
has_cek_privilege(user, cek, privilege)	指定用户是否有访问列加密密钥 CEK 的权限
has_cmk_privilege(user, cmk, privilege)	指定用户是否有访问客户端加密主密钥 CMK 的权限
has_database_privilege(user, database, privilege)	指定用户是否有访问数据库的权限
has_database_privilege(database, privilege)	当前用户是否有访问数据库的权限
has_directory_privilege(user, directory, privilege)	指定用户是否有访问 directory 的权限
has_directory_privilege(directory, privilege)	当前用户是否有访问 directory 的权限
has_foreign_data_wrapper_privilege(user, fdw, privilege)	指定用户是否有访问外部数据封装器的权限

续表

函数名	功能描述
has_foreign_data_wrapper_privilege(fdw, privilege)	当前用户是否有访问外部数据封装器的权限
has_function_privilege(user, function, privilege)	指定用户是否有访问函数的权限
has_function_privilege(function, privilege)	当前用户是否有访问函数的权限
has_language_privilege(user, language, privilege)	指定用户是否有访问语言的权限
has_language_privilege(language, privilege)	当前用户是否有访问语言的权限
has_nodegroup_privilege(user, nodegroup, privilege)	检查用户是否有访问数据库节点的权限
has_nodegroup_privilege(nodegroup, privilege)	检查用户是否有访问数据库节点的权限
has_schema_privilege(user, schema, privilege)	指定用户是否有访问模式的权限
has_schema_privilege(schema, privilege)	当前用户是否有访问模式的权限
has_server_privilege(user, server, privilege)	指定用户是否有访问外部服务的权限
has_server_privilege(server, privilege)	当前用户是否有访问外部服务的权限
has_table_privilege(user, table, privilege)	指定用户是否有访问表的权限
has_table_privilege(table, privilege)	当前用户是否有访问表的权限
has_tablespace_privilege(user, tablespace, privilege)	指定用户是否有访问表空间的权限
has_tablespace_privilege(tablespace, privilege)	当前用户是否有访问表空间的权限
pg_has_role(user, role, privilege)	指定用户是否有角色的权限
pg_has_role(role, privilege)	当前用户是否有角色的权限
has_any_privilege(user, privilege)	指定用户是否有某项 ANY 权限，若同时查询多个权限，只要具有其中一个则返回 true

openGauss 数据库提供的模式可见性查询函数如表 B-3 所示。

表 B-3 openGauss 数据库提供的模式可见性查询函数

函数名	功能描述
pg_collation_is_visible(collation_oid)	该排序是否在搜索路径中可见
pg_conversion_is_visible(conversion_oid)	该转换是否在搜索路径中可见
pg_function_is_visible(function_oid)	该函数是否在搜索路径中可见
pg_opclass_is_visible(opclass_oid)	该操作符类是否在搜索路径中可见
pg_operator_is_visible(operator_oid)	该操作符是否在搜索路径中可见
pg_opfamily_is_visible(opclass_oid)	该操作符族是否在搜索路径中可见
pg_table_is_visible(table_oid)	该表是否在搜索路径中可见

续表

函数名	功能描述
pg_ts_config_is_visible(config_oid)	该文本检索配置是否在搜索路径中可见
pg_ts_dict_is_visible(dict_oid)	该文本检索词典是否在搜索路径中可见
pg_ts_parser_is_visible(parser_oid)	该文本搜索解析是否在搜索路径中可见
pg_ts_template_is_visible(template_oid)	该文本检索模板是否在搜索路径中可见
pg_type_is_visible(type_oid)	该类型（或域）是否在搜索路径中可见

openGauss 数据库提供的系统表信息函数如表 B-4 所示。

表 B-4　openGauss 数据库提供的系统表信息函数

函数名	功能描述
format_type(type_oid, typemod)	获取数据类型的 SQL 名称
getdistributekey(table_name)	获取一个哈希表的分布列。单机环境下不支持分布，该函数返回为空
pg_check_authid(role_oid)	检查是否存在给定 OID 的角色名
pg_describe_object(catalog_id, object_id, object_sub_id)	获取数据库对象的描述
pg_get_constraintdef(constraint_oid)	获取约束的定义
pg_get_constraintdef(constraint_oid, pretty_bool)	获取特定约束的定义
pg_get_expr(pg_node_tree, relation_oid)	反编译表达式的内部形式
pg_get_expr(pg_node_tree, relation_oid, pretty_bool)	反编译表达式的内部形式，假设其中的任何 Vars 都引用第二个参数指定的关系
pg_get_functiondef(func_oid)	获取函数的定义
pg_get_function_arguments(func_oid)	获取函数定义的参数列表（带默认值）
pg_get_function_identity_arguments(func_oid)	获取参数列表来确定一个函数（不带默认值）
pg_get_function_result(func_oid)	获取函数的 returns 子句
pg_get_indexdef(index_oid)	获取索引的 create index 命令
pg_get_indexdef(index_oid, dump_schema_only)	获取索引的 create index 命令
pg_get_indexdef(index_oid, column_no, pretty_bool)	获取索引的 create index 命令，或者如果 column_no 不为零，则只获取一个索引字段的定义
pg_get_keywords()	获取 SQL 关键字和类别列表

续表

函数名	功能描述
pg_get_userbyid(role_oid)	获取给定 OID 的角色名
pg_check_authid(role_id)	通过 role_id 检查用户是否存在
pg_get_viewdef(view_name)	根据视图名称获取视图的定义
pg_get_viewdef(view_oid)	根据视图 OID 获取视图的定义
pg_get_tabledef(table_oid)	根据表 OID 获取表定义
pg_get_tabledef(table_name)	根据表名称获取表定义
pg_tablespace_location(tablespace_oid)	获取表空间所在的文件系统的路径
pg_typeof(any)	获取数据的数据类型
pg_get_serial_sequence(tablename, colname)	获取对应表名和列名上的序列
pg_sequence_parameters(sequence_oid)	获取指定 sequence 的参数，包含起始值、最小值和最大值、递增值等

openGauss 数据库提供的注释信息函数如表 B-5 所示。

表 B-5 openGauss 数据库提供的注释信息函数

函数名	功能描述
col_Description(table_oid, column_number)	获取一个表字段的注释
obj_Description(object_oid, catalog_name)	获取一个数据库对象（如表、列、约束等）的注释
obj_Description(object_oid)	获取一个数据库对象的注释
shobj_Description(object_oid, catalog_name)	获取一个共享数据库对象的注释

openGauss 数据库提供的事务 ID 和快照函数如表 B-6 所示。

表 B-6 openGauss 数据库提供的事务 ID 和快照函数

函数名	功能描述
txid_current()	获取当前事务 ID
gs_txid_oldestxmin()	获取当前最小事务 ID 的值 oldestxmin
txid_current_snapshot()	获取当前快照
txid_snapshot_xip(txid_snapshot)	在快照中获取正在进行的事务 ID
txid_snapshot_xmax(txid_snapshot)	获取快照的 xmax
txid_snapshot_xmin(txid_snapshot)	获取快照的 xmin
pg_control_system()	返回系统控制文件的状态

续表

函数名	功能描述
pg_control_checkpoint()	返回系统检查点的状态
pv_builtin_functions()	查看所有内置系统函数的信息
pg_relation_compression_ratio(table_name)	查询表压缩率，默认返回 1.0
pg_relation_with_compression(table_name)	查询表是否压缩
pg_shared_memory_detail()	返回所有已产生的共享内存上下文的使用信息
gs_session_memory_detail_tp()	返回会话的内存使用情况

openGauss 数据库提供的系统对象函数如表 B-7 所示。

表 B-7 openGauss 数据库提供的系统对象函数

函数名	功能描述
pg_column_size(any)	存储一个指定的数值需要的字节数
pg_database_size(oid)	指定 OID 代表的数据库使用的磁盘空间
pg_database_size(name)	指定名称的数据库使用的磁盘空间
pg_relation_size(oid)	指定 OID 代表的表或者索引所使用的磁盘空间
get_db_source_datasize()	估算当前数据库非压缩态的数据总容量
pg_relation_size(text)	指定名称的表或者索引使用的磁盘空间
pg_relation_size(relation regclass, fork text)	指定表或索引的指定分叉树（main、fsm 或 vm）使用的磁盘空间
pg_partition_size(oid,oid)	指定 OID 代表的分区使用的磁盘空间。其中，第一个 oid 为表的 OID，第二个 oid 为分区的 OID
pg_partition_size(text, text)	指定名称的分区使用的磁盘空间。其中，第一个 text 为表名，第二个 text 为分区名
pg_partition_indexes_size(oid,oid)	指定 OID 代表的分区的索引使用的磁盘空间。其中，第一个 oid 为表的 OID，第二个 oid 为分区的 OID
pg_partition_indexes_size(text,text)	指定名称的分区的索引使用的磁盘空间。其中，第一个 text 为表名，第二个 text 为分区名
pg_indexes_size(regclass)	附加到指定表的索引使用的总磁盘空间
pg_table_size(regclass)	指定表使用的磁盘空间，不计索引（但是包含 TOAST、自由空间映射和可见性映射）
pg_tablespace_size(oid)	指定 OID 代表的表空间使用的磁盘空间

续表

函数名	功能描述
pg_tablespace_size(name)	指定名称的表空间使用的磁盘空间
pg_total_relation_size(oid)	指定 OID 代表的表使用的磁盘空间，包括索引和压缩数据
pg_total_relation_size(regclass)	指定表使用的总磁盘空间，包括所有的索引和 TOAST 数据
pg_total_relation_size(text)	指定名称的表所使用的全部磁盘空间，包括索引和压缩数据
datalength(any)	计算一个指定的数据需要的字节数
pg_relation_filenode(relation regclass)	指定表的文件节点数
pg_relation_filepath(relation regclass)	指定表的文件路径名
pg_filenode_relation(tablespace oid, filenode oid)	获取对应的 tablespace 和 relfilenode 所对应的表名
pg_partition_filenode(partition_oid)	获取到指定分区表的 OID 对应的文件节点
pg_partition_filepath(partition_oid)	获取指定分区的文件路径名
gs_is_recycle_object(classid, objid, objname)	判断是否为回收站对象